環境価値取引の法務と実務

森・濱田松本法律事務所

木山二郎［編著］

長窪芳史／山路 諒／木村 純／鮫島裕貴
塩見典大／山崎友莉子／前山和輝／日髙稔基［著］

エネルギーフォーラム

はじめに

　1992年の国連会議において、国連気候変動枠組条約が採択され、国際的な気候変動問題に対する取り組みが始まり、日本国内においても、かねてより気候変動問題に取り組むことの重要性が叫ばれてきました。そして、2020年10月、菅義偉内閣総理大臣（当時）が2050年までに日本におけるカーボンニュートラルを目指すことを宣言して以降、さらに大きく状況が変わり、日本国内において、国や関係団体、企業などのカーボンニュートラルの実現に向けた取り組みが活発化し、それを実現するための手段として、環境価値取引が大きく注目されています。

　しかし、「環境価値」あるいは「環境価値取引」とはいっても、その背景には、さまざまな法令・制度などが存在し、また、それらが複雑に関係しており、その内容を理解することは、容易ではありません。そのため、本書の執筆陣でもある森・濱田松本法律事務所に所属する有志の弁護士において、2021年に環境価値勉強会を立ち上げ、環境価値に対する法的あるいは制度的な分析・検討を進めてきました。その集大成が本書となります。本書においては、環境価値取引の内容や、その背景にある法令・制度などを一気通貫に解説することを目指し、本書をお読みいただければ、環境価値取引の全体像を理解することができる内容となるように努めました。また、環境価値取引を巡る最新の議論状況をカバーするため、できる限り、「脱炭素成長型経済構造への円滑な移行の推進に関する法律（以下、「GX推進法」）をはじめとする直近の法令や、ガイドラインの改正などについてもフォローするとともに、コーポレートPPA（Power Purchase Agreement）などの実務的な取り組みについても解説するよう心がけています。

　もっとも、環境価値取引に関連する法令や制度などについては、頻繁にその変更が行われており、現在も国の審議会などで議論中の論点も多くあります。そのため、本書は、執筆時でのスクリーンショットでの議論状況

を整理したものとご理解いただければと思います。

　今後、日本において、2050年のカーボンニュートラルを実現するためには、再生可能エネルギーをはじめとする脱炭素電源を導入していくことが不可欠と考えられます。そのためには、より一層、環境価値取引が活性化していくことが重要です。本書が環境価値取引に取り組もうとしている関係者の一助となり、日本におけるカーボンニュートラルの実現に少しでも貢献できるのであれば幸いです。

2023年9月吉日

筆者を代表して

森・濱田松本法律事務所

パートナー弁護士　木山　二郎

環境価値取引の法務と実務

［目次］

3 環境価値の種類 61

5 環境価値の活用方法 111

1

環境価値取引が
注目される背景

1.1 環境価値とは何か

菅義偉内閣総理大臣（当時）は、2020年10月26日、所信表明演説において、日本は2050年までにカーボンニュートラルを目指すことを宣言しました。また、2021年4月、菅内閣総理大臣は、地球温暖化対策推進本部及び米国主催の気候サミットにおいて、「2050年目標と整合的で、野心的な目標として、2030年度に、温室効果ガスを2013年度から46％削減することを目指す。さらに、50％の高みに向けて、挑戦を続けていく」ことを表明しました。

それでは、日本において、どのようにカーボンニュートラルを実現していくことができるのでしょうか。そのための手段として、「環境価値取引」が挙げられます。しかし、そもそも環境価値とは何なのでしょうか。太陽光や風力などの再生可能エネルギーや原子力を利用して発電された電気は、電気そのものの価値に加え、その発電に伴ってCO₂（二酸化炭素）を排出しない電気であるという価値を有しています。この価値のことを「環境価値」と呼んでいます。

最近、わが国の多くの企業が、この環境価値の取引に注目しています。例えば、企業が自社の事業用電力を100％再生可能エネルギーにより発電された電力で賄うことを目指す国際的イニシアティブである「RE100」には、2023年9月時点において、400社を超える世界的企業が参加しており[1]、そのうち83社が日本企業です[2]。製造、建設・不動産、小売、金融などさまざまな業種において、わが国を代表する企業が名を連ねています。また、中小企業版RE100といわれる「再エネ100宣言 RE Action」にも、2019年10月の設立以来、すでに335団体が参加しています[3]。

このような動向の背景には、気候変動問題が世界的に喫緊の課題として認識されたことを受け、わが国のエネルギー分野においても、産業界、消費者、政府など国民各層が総力を挙げた取り組みが必要とされている状況があります[4]。さらに、多くの企業は、自社の企業価値を向上させる観点か

らも、環境価値取引をひとつの重要なビジネスチャンスと位置づけている
と考えられます。

1.2　環境問題に対する国際社会の動向

　気候変動問題について、日本においては、これまで「地球温暖化」と呼
ばれてきました。「地球温暖化対策の推進に関する法律」（平成10年法律
第117号。以下、「温対法」）では、地球温暖化を、「人の活動に伴って発生
する温室効果ガスが大気中の温室効果ガスの濃度を増加させることによ
り、地球全体として、地表、大気及び海水の温度が追加的に上昇する現象」
と定義しています（同法第2条第1項）。この地球温暖化により、高潮被害、
洪水の増加、熱中症による死亡、気温上昇や干ばつなどによる食糧危機、
水資源不足や農業生産減少など、数々のリスクが発生することが懸念され
ています。[5]

　このような温室効果ガスの排出を規制するため、1992年、国連会議にお
いて、国連気候変動枠組条約が採択され、気候変動問題に取り組むための
枠組みである締約国会議（COP）が設けられました。その後、締約国会議
の取り組みの結果、2015年に採択されたのが「パリ協定」です。パリ協定
は、世界共通の目標として、世界の平均気温上昇を産業革命以前に比べて
2℃より十分低く保ち（2℃目標）、1.5℃に抑える努力をすることや、5年ご
とに世界全体の実施状況を確認することなどを定めています。

　また、パリ協定が採択されたのと同じ2015年、国連サミットで「持続
可能な開発のための2030アジェンダ」が採択されました。この中に記載
されているのが「SDGs（持続可能な開発目標）」です。SDGsとは、2030年
までに持続可能でより良い世界を目指す国際目標であり、17のゴール、169
のターゲットから構成され、その中には、すべての人々の、安価かつ信頼
できる持続可能な近代的エネルギーへのアクセスを確保すること（目標7
「エネルギー」）や、気候変動及びその影響を軽減するための緊急対策を講

じることが定められています（目標13「気候変動」）。

　2021年4月には、米国主催で、世界の40の国・地域の首脳が参加し気候サミットが開催されました。ここで日本は、1.1のとおり、2050年カーボンニュートラルの長期目標と整合的で、野心的な目標として、2030年度において温室効果ガスを2013年度から46%削減することを目指す旨を宣言し、注目されました。

1.3　エネルギー分野で求められる取り組み

　パリ協定では、すべての締約国が、各国の異なる事情に照らした共通に有しているが差異のある責任及び各国の能力を考慮しつつ、温室効果ガスについて低排出型の発展のための長期的な戦略を立案し、及び通報するよう努力すべきことが定められています（同協定第4条第19項）。

　これを受け、日本では、「パリ協定に基づく成長戦略としての長期戦略」が策定され、その中では、エネルギー、産業、運輸、地域・くらしと国民生活のほぼ全分野をカバーする形で排出量削減対策（同戦略第2章第1節）が定められました[6]。

　日本の温室効果ガス排出量のうち、エネルギー起源のCO_2が占める割合は8割を超えており、温室効果ガスの排出量の削減を実現するためには、エネルギー分野での対応が最も重要となります。その中でも、電力部門においては、再生可能エネルギーなど実用的な脱炭素の電源があることから、その大幅な導入が図られることとなりました。

　このようにして、「エネルギー供給事業者によるエネルギー源の環境適合利用及び化石エネルギー原料の有効な利用の促進に関する法律」（平成21年法律第72号。以下、「高度化法[7]」）に基づき、わが国の電気事業者に対して、各社が供給する電力量に占める非化石電源に由来する電力量の比率（非化石電源比率）を、2030年度に44%以上とすることが目標として定

められたほか、本書で説明するさまざまな制度が設けられています。

　その一方で、SDGsの採択を契機として、国内外を問わず、ESG経営（環境〈Environment〉、社会〈Social〉、企業統治〈Governance〉の要素を考慮した経営）を重視した投資（ESG投資）が拡大しており、企業戦略上も環境価値取引が無視できなくなっています。

　このため、現在、電気事業者を含む多くの企業による環境価値の調達及び提供の取り組みが活発化しているのです。

〈脚注〉

1 RE100 のウェブサイト（https://www.there100.org/re100-members）による。
2 日本気候リーダーズ・パートナーシップのウェブサイト（https://japan-clp.jp/climate/reoh#reoh_re100）による。
3 再エネ 100 宣言 RE Action のウェブサイト（https://saiene.jp/）による。
4 「エネルギー基本計画」（令和 3 年 10 月）21 頁
5 環境省、『令和 5 年版 環境白書・循環型社会白書・生物多様性白書』第 2 部第 1 章第 1 節 1 (1)、2（1）
6 「パリ協定に基づく成長戦略としての長期戦略」（令和元年 6 月 11 日、同 3 年 10 月 22 日閣議決定）
7 2023 年 4 月 1 日施行の改正法による改正前は「エネルギー供給事業者による非化石エネルギー源の利用及び化石エネルギー原料の有効な利用の促進に関する法律」との名称でした。なお、本書においては、改正後の法律に基づき記載しています。

2

環境価値に関する
諸法令の考え方

2.1 環境価値と諸法令

最近、環境価値取引が注目されていることは、1で述べたとおりですが、そもそも環境価値はどういったもので、法令上どのような根拠を有するものなのでしょうか。

環境価値の内容を具体的に見ていくと、主なものとして、①非化石価値、②ゼロエミ価値（CO_2ゼロエミッション価値）、③環境表示価値の3つの価値があるとされています。[8]それぞれの概要は図表2-1のとおりです。

このように、再生可能エネルギーあるいは原子力由来の電気は、その発電に伴って温室効果ガスを排出しないことから、高度化法、温対法、電気事業法（昭和39年法律第170号。以下、「電気事業法」）などにおけるさまざまな価値が認められており、これらを総称して「環境価値」と呼んでいます。環境価値は、電気そのものと分離して取引の対象とされており、それぞれを独自に調達することが可能とされています。

なお、環境価値に類似あるいは関連する価値として、「産地価値」及び「特定電源価値」が挙げられます。「産地価値」とは、ある地域で発電されたことをアピールできる価値をいい、「特定電源価値」とは、ある発電所で発

図表 2-1　環境価値の内容

環境価値の内容	概要
非化石価値	高度化法上、非化石電源比率の算定時に非化石電源として計上できる価値
ゼロエミ価値	温対法[9]上のCO_2排出係数が0kg-CO_2/kWhであることの価値
環境表示価値	電気事業法上、小売電気事業者が需要家に対して、当該電気の環境価値を表示・主張する権利

出所：筆者作成

電されたことをアピールできる価値をいいます。現状、これらの価値は、環境価値には含まれないものとされており、電気と分離した取引の対象とされていません。[10]

　本章では、これらの環境価値のうち、主に非化石価値とゼロエミ価値について関係法令（高度化法、温対法、省エネ法）における取り扱いを解説します。環境表示価値については、5.3の小売電気事業者による環境価値の活用の章にて解説します。

2.2　高度化法と非化石価値

2.2.1　高度化法とは

　2.1のとおり、環境価値のひとつに、高度化法上、非化石電源比率の算定時に非化石電源として計上できる価値（非化石価値）があります。

　高度化法の目的は、「エネルギー供給事業者によるエネルギー源の環境適合利用[11]及び化石エネルギー原料[12]の有効な利用を促進するために必要な措置を講ずることにより、エネルギー供給事業の持続的かつ健全な発展を通じたエネルギーの安定的かつ適切な供給の確保を図り、もって国民経済の健全な発展に寄与すること」とされています（高度化法第1条）。

　高度化法が制定された背景には、日本における一次エネルギー供給に占める化石エネルギーの依存度の高さがあります。日本のエネルギー供給の多くは化石燃料由来であり、例えば、2021年度における日本の一次エネルギー国内供給は、21.4％が天然ガス、25.8％が石炭、36.0％が石油となっており、合計8割以上が化石燃料です。[13]そして、このうちのほとんどを海外からの輸入に頼っており、日本の一次エネルギー自給率は、2021年度の数値で13.3％と他の経済協力開発機構（OECD）諸国と比較しても低い水準にあります。[14]このままでは、化石燃料の枯渇や市場価格の変動に大きく左右される脆弱な状況となり、また、世界的に課題となっている温室効果

ガスの排出削減に対応しきれないという問題があります。

　そこで、電気事業者などのエネルギー供給事業者による非化石エネルギー源の利用の拡大及び化石エネルギー原料の有効利用を促進するため、高度化法が制定されました。

2.2.2　高度化法の対象事業者

　2.2.1のとおり、高度化法は「エネルギー供給事業者」によるエネルギー源の環境適合利用及び化石エネルギー原料の有効利用を促進するために必要な措置を講ずることを目的としています。そのため、高度化法上の措置は、図表2-2に掲げる「エネルギー供給事業者」（高度化法第2条第1項各号）が対象となっており、その中でも特に「特定エネルギー供給事業者」及び「特定燃料製品供給事業者」（エネルギー供給事業者又は燃料供給事業者のうち、それぞれ図表2-3に掲げる事業を行う者。同法第2条第7～8項、同法施行令第5～6条）が、中心的な規制対象となっています。

図表 2-2　エネルギー供給事業者

エネルギー供給事業者	①電気事業者	小売電気事業者 （電気事業法第2条第1項第3号）
		一般送配電事業者（電気事業法第2条第1項第9号）
		登録特定送配電事業者（電気事業法第27条の19第1項）
	②熱供給事業者 （熱供給事業法〈昭和47年法律第88号〉第2条第3項）	
	③燃料製品供給事業者 （燃料製品の製造〈第三者に委託して製造することその他の製造に準ずる行為として燃料製品の種類ごとに政令で定める行為を含む〉をして供給する事業を行う者）	

出所：筆者作成

18

図表 2-3　特定エネルギー供給事業者及び特定燃料製品供給事業者

特定エネルギー供給事業者	
①	小売電気事業（電気事業法第２条第１項第２号）
	一般送配電事業（電気事業法第２条第１項第８号）
	特定送配電事業（電気事業法第２条第１項第12号）
②	ガス小売事業（ガス事業法〈昭和29年法律第51号〉第2条第2項）又は一般ガス導管事業（ガス事業法第2条第5項）であって、可燃性天然ガス製品[15]の製造をして供給するもの
③	揮発油[16]の製造をして供給する事業
特定燃料製品供給事業者	
①	ガス事業法第2条第11項に規定するガス事業であって、可燃性天然ガス（液化したものに限る）を原料として可燃性天然ガス製品の製造をして供給するもの
②	揮発油、灯油、軽油又は重油の製造をして供給する事業

出所：筆者作成

2.2.3　高度化法の規制の枠組み

　高度化法においては、経済産業大臣が策定する①エネルギー供給事業者によるエネルギー源の環境適合利用及び化石エネルギー原料の有効な利用の促進に関する基本方針（同法第3条第1項。2.2において、「基本方針[17]」）並びに②特定エネルギー供給事業者及び特定燃料製品供給事業者の利用目標及び判断の基準となるべき事項（同法第5条第1項、第11条第1項。2.2において、「判断基準[18]」）が、それぞれエネルギー供給事業者が遵守すべき基本的な方針と具体的な基準を示したものとして、重要な役割を有します。

　以下では、それぞれの内容及び役割について、概説します。

① 基本方針

　基本方針は、経済産業大臣が以下の事項について、エネルギー需給の長

期見通し、エネルギー源の環境適合利用及び化石エネルギー原料の有効な利用の状況や、それらに関する技術水準などの事情を勘案し、環境の保全に留意しつつ定めるものとされています（高度化法第3条第1〜2項）。

(i) エネルギー源の環境適合利用及び化石エネルギー原料の有効な利用のためにエネルギー供給事業者が講ずべき措置に関する基本的な事項

(ii) エネルギー供給事業者によるエネルギー源の環境適合利用及び化石エネルギー原料の有効な利用の促進のための施策に関する基本的な事項

(iii) その他エネルギー供給事業者による非化石エネルギー源の利用及び化石エネルギー原料の有効な利用の促進に関する事項

　この基本方針は、高度化法の大枠を画するものとして機能します。エネルギー供給事業者は、事業を行うに際して、基本方針に留意し、エネルギー源の環境適合利用及び化石エネルギー原料の有効な利用の促進に努めなければならないとされています（高度化法第4条）。

②判断基準
　判断基準は、(i)特定エネルギー供給事業者によるエネルギー源の環境適合利用の目標や実施方法、計画的に取り組むべき措置等（高度化法第5条第1項）、及び(ii)特定燃料製品供給事業者による化石エネルギー原料の有効な利用の目標や計画的に取り組むべき措置（同法第11条第1項）について、それぞれ判断の基準となるべき事項を定めたものです。特定エネルギー供給事業者又は特定燃料製品供給事業者のうち、政令で定める一定規模以上[19]の事業者（以下、「達成計画届出義務対象事業者」）は、かかる判断基準に定められたエネルギー源の環境適合利用の目標又は化石エネルギー原料の有効な利用の目標の達成のための計画（以下、「達成計画」）を作成し、

図表 2-4　高度化法のイメージ

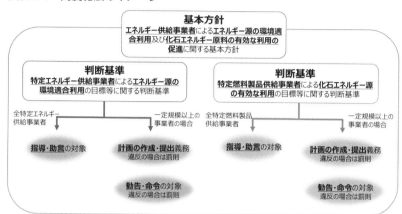

出所：筆者作成

経済産業大臣に対して提出する必要があります（同法第7条第1項、第13条第1項）。

　経済産業大臣は、エネルギー源の環境適合利用又は化石エネルギー原料の有効な利用の適確な実施を確保するために必要があると認めるときは、特定エネルギー供給事業者又は特定燃料製品供給事業者に対して、判断基準の内容を勘案して、指導及び助言を実施することができます（高度化法第6条、第12条）。また、経済産業大臣は、達成計画届出義務対象事業者によるエネルギー源の環境適合利用の状況や化石エネルギー原料の有効な利用の状況が、判断基準の内容と照らして著しく不十分であると認められる場合には、当該事業者がとるべき措置に関する勧告や命令を出すこともできます（同法第8条、第14条）。したがって、判断基準は、こうした経済産業大臣によるモニタリングにあたっての基準としても機能することになるため、特定エネルギー供給事業者及び特定燃料製品供給事業者は、判断基準にも十分留意して事業を実施する必要があります。

　なお、経済産業大臣の命令に違反した場合は、100万円以下の罰金、達成計画を提出しなかった場合などは50万円以下の罰金が科されます（高

図表 2-5　高度化法の達成計画届出義務対象事業者（電気事業者）

旧一般電気事業者	新電力		
北海道電力	F-Power	ダイヤモンドパワー	サミットエナジー
東北電力	エバーグリーン・リテイリング	出光グリーンパワー	リコージャパン
東京電力EP	エバーグリーン・マーケティング	新出光	東京ガス
中部電力ミライズ	エネット	ウエスト電力	東急パワーサプライ
北陸電力	出光興産	北海道瓦斯	王子・伊藤忠エネクス電力販売
関西電力	オプテージ	大阪瓦斯	テプコカスタマーサービス
中国電力	エネサーブ	エフビットコミュニケーションズ	日鉄エンジニアリング
四国電力	サイサン	ENEOS	KDDI
九州電力	ミツウロコグリーンエネルギー	オリックス	東邦ガス
九州電力送配電	日本テクノ	シン・エナジー	シナジアパワー
沖縄電力（送配電・小売）	Looop	アイ・グリッド・ソリューションズ	ジェイコムウエスト

新電力	
ジェイコム埼玉・東日本	九電みらいエナジー
ジェイコム湘南・神奈川	ミツウロコヴェッセル
ジェイコム東京	おトクでんき
アーバンエナジー	ハルエネ
丸紅新電力	PinT
関電エネルギーソリューションズ	エフエネ
MCリテールエナジー	楽天エナジー（旧楽天モバイル）
エナリス・パワー・マーケティング	ホープ
大和ハウス工業	CDエナジーダイレクト
HTBエナジー	鈴与電力
SBパワー	

出所：経済産業省総合資源エネルギー調査会電力・ガス事業分科会電力・ガス基本政策小委員会制度検討作業部会、第57回制度検討作業部会資料３－２「2020年度の高度化法に基づく達成計画の報告について」、2021年9月

度化法第21〜22条）。

　2020年度における電気の供給量（小売供給分に限る）が5億kWh以上であり、達成計画の提出があった電気事業者は、図表2-5のとおりです。

2.2.4　非化石電源比率と非化石価値取引市場

　高度化法に基づく判断基準の中で特に重要なものが、小売電気事業者に対して課されている非化石電源比率[20]の目標です。そこで、本章及び次章で

は、小売電気事業者を念頭に、判断基準において達成することが求められる非化石電源比率の目標及びその中間評価の仕組みに焦点を当てたいと思います。

　判断基準では、小売電気事業者が調達する電力量のうち非化石電源に由来する電力量の比率を2030年までに44％以上[21]とすることが求められています。44％という数値は、パリ協定に基づく日本の温室効果ガスの削減目標（2030年度に2013年度比26％削減[22]）を実現するための、当時想定されていた2030年度の電源構成（原子力：20 ～ 22％、再生可能エネルギー：22 ～ 24％）に由来します。

　しかし、日本卸電力取引所（以下、「JEPX」）が運営する卸電力取引市場（以下、「JEPX市場」）においては、非化石電源に由来する電気のみを選んで取引をすることができません。また、非化石電源を保有していない事業者も存在しますし、非化石電源を保有しているとしても、その保有率は事業者によってまちまちです。そこで、小売電気事業者が非化石電源比率の目標を平等に達成できるよう、JEPXにより非化石価値取引市場が創設されることになり、2018年5月から取引が開始されました。これにより、非化石電源由来の電気から、環境価値が分離され、「非化石証書」という証

図表 2-6　非化石価値取引市場における非化石価値の取引のイメージ

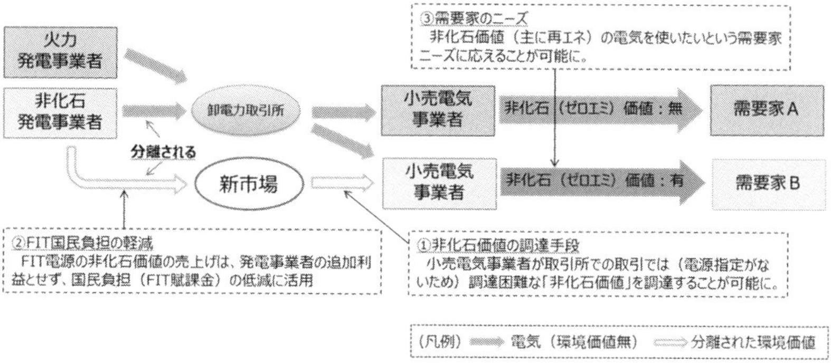

出所：経済産業省総合資源エネルギー調査会電力・ガス事業分科会電力・ガス基本政策小委員会制度検討作業部会、第15回制度検討作業部会資料4「非化石価値取引市場について」、2017年11月

書として、非化石価値取引市場において電気とは別の取引対象として取引されることになりました。小売電気事業者は、JEPX市場などから調達した電気に、非化石価値取引市場で調達した環境価値を組み合わせることで、非化石電源由来の電気を調達したのと実質的に同じ効果を得ることができることとなりました。

　なお、3.1.3.1のとおり、現在、非化石価値取引市場は、高度化法義務達成市場と再エネ価値取引市場に分かれており、小売電気事業者が高度化法に基づく非化石電源比率の算定時に非化石電源として計上できるのは、高度化法義務達成市場で取引されている非FIT非化石証書のみとなりました[23]。

2.2.5　高度化法の中間評価の仕組み

　2.2.4のとおり、高度化法に基づく判断基準においては、非化石電源比率を2030年までに44％以上とすることが求められています。この目標達成の実効性を図るため、非化石電源比率の目標達成状況の中間評価の仕組みが導入されています。具体的には、2030年度に至るまでの間、3段階のフェーズに分けて中間評価が行われることとされており、第1フェーズは2020年度から2022年度まで、第2フェーズは2023年度から2025年度までとされており、第3フェーズは2026年度から2029年度までとなることが見込まれています。

　中間評価にあたっては、毎年、経済産業省総合資源エネルギー調査会電力・ガス事業分科会電力・ガス基本政策小委員会制度検討作業部会（以下、「制度検討作業部会」）において、中間目標値が設定されます[24]。かかる中間目標値の設定にあたっては、各事業者の置かれた状況が異なることを勘案すべきとの意見があったことから、化石電源グランドファザリングが導入されています。具体的には、もともと非化石電源比率が低い事業者については、高度化法の目標達成が難しくなる面があるため、目標値を一定程

図表 2-7　非化石電源比率の推移とそれを踏まえたグランドファザリングの
基準値の引下げ

対象事業者全体の非化石電源比率の推移

第二フェーズ 全体のGF削減量	GF設定の基準値 (2018年度の非化石電源比率 の平均) (A)	2018年度の非化石電源比率 10%の場合(B)	GF量 (A) − (B)
現状	22.8%	10.0%	12.8%
6%引下げ ケース	16.8%	10.0%	6.8%
1/2分引下げ ケース	11.4%	10.0%	1.4%

出所：経済産業省総合資源エネルギー調査会電力・ガス事業分科会電力・ガス基本政策小委員会制度検討作業部会、「第
十次中間とりまとめ」、2023 年 3 月

度引き下げることで配慮することとされています。第1フェーズに引き続
き、第2フェーズにおいても、化石電源グランドファザリングは導入され
ますが、小売電気事業者の非化石電源の利用の遅れを是正し、非化石電源
の維持・拡大を促す観点から、配慮の程度を漸減させていく方向性が示さ
れています。具体的には、図表2-7で示されているとおり、2018年度から
2021年度までの平均非化石電源比率の上昇（22.8％から28.8％に上昇）を
踏まえて、当該3年分の上昇率である6％を第2フェーズにおけるグラン
ドファザリングの設定基準値から引き下げることとされています。
　また、中間目標の達成状況について、第1フェーズにおいては、2020年

度から2022年度までの中間目標値の平均と非化石電源比率の実績値の平均値を比較して評価するものとされていました。第2フェーズにおいては、第1フェーズにおける全体の期間の平均値をとる評価方法とは異なり、2023年度から2025年度までの期間において、年度ごとの中間目標の達成状況を評価する単年度評価とすることとされています。

さらに、第1フェーズにおいては、非化石電源の稼働停止や出力の低下などにより、証書の流通量が著しく減少するなど、目標の達成にかかる大幅な事情の変更が見込まれる場合には、必要に応じて目標値に関する検討を行う内容の配慮措置も導入されていました。これに対し、第2フェーズにおいては、第1フェーズと同様に配慮措置は設けることとしつつも、事業者の予見可能性を確保する観点から、具体的な対応内容や当該措置が適用され得る水準について、事前に明確化することが明らかにされています。具体的には、図表2-8のとおりです。

中間評価の仕組みの第1フェーズと第2フェーズにおける異同は、次頁上の図表2-9のとおりです。[25]

図表 2-8　第2フェーズにおける配慮措置の内容

適用内容	証書供給量の著しい低下など事業者の責めに帰すべきでない事由により目標達成が明らかに困難な場合には、事後的な目標達成の評価において、指導・助言の対象外とする。配慮措置の適用については、個別事業者ごとではなく、対象事業全体に一律に適用されるものとする。
発動水準	特例的に発動されるものであることから、発動水準は需給バランスが少なくとも1.0を下回った場合（又は下回る見込みが非常に高いと考えられる場合）に発動される。最終オークションにおいて、需給がひっ迫したことにより、やむを得ず目標達成が困難となった場合も、諸般の事情を考慮して、一定の場合は配慮措置の対象となる。

出所：筆者作成

図表 2-9　第 1 フェーズと第 2 フェーズの異同

	第1フェーズ	第2フェーズ
期間	2020 ～ 2022年度	2023 ～ 2025年度
評価方法	3カ年度平均	単年度ごと
証書のバンキング[26]	不可	不可
FIT 非化石価値の利用可否	不可	不可[27]
グランドファザリングの設定基準値	22.8%	16.8%
需給バランス	1.2	1.15
配慮措置	あり	あり （ただし、適用内容や 発動水準を明確化）
高度化法義務達成市場における非FIT 非化石証書の最低価格	0.6円/kWh	0.6円/kWh

出所：筆者作成

2.3　温対法とゼロエミ価値

2.3.1　温対法とは

　2.1のとおり、環境価値には、高度化法における非化石価値のほかに、温対法上のCO_2排出係数が0kg-CO2/kWhである価値（ゼロエミ価値）があります。

　温対法の目的は、「地球温暖化対策に関し、地球温暖化対策計画を策定するとともに、社会経済活動その他の活動による温室効果ガスの排出の量の削減等を促進するための措置を講ずることなどにより、地球温暖化対策の推進を図り、もって現在及び将来の国民の健康で文化的な生活の確保に寄与するとともに人類の福祉に貢献すること」とされています（同法第1条）。

　温対法は、京都議定書の採択を受け、1998年に施行されました。その後、

2015年に合意されたパリ協定や、2020年に行われた菅義偉内閣総理大臣（当時）による2050年カーボンニュートラル宣言を踏まえ、2021年改正において、温対法の基本理念を宣言した第2条の2が新設されました。具体的には、1.2で説明したパリ協定において定められている世界共通の目標を踏まえて、「我が国における2050年までの脱炭素社会……の実現」[28]を目指すことが明記されています。

2.3.2　温対法上の事業者の責務

　温対法は、国、地方公共団体、事業者及び国民が地球温暖化対策に取り組むための法律であり、第3条から第6条にかけて、それぞれの主体が遵守すべき責務が定められています。そのうち事業者の責務については、「その事業活動に関し、温室効果ガスの排出の量の削減等のための措置（他の者の温室効果ガスの排出の量の削減等に寄与するための措置を含む。）を講ずるように努めるとともに、国及び地方公共団体が実施する温室効果ガスの排出の量の削減等のための施策に協力しなければならない」（同法第5条）と規定されています。温対法には、こうした一般的責務のほか、事業者が遵守すべき各種の義務が定められていますが、最も重要なものとしては、一定の事業者に対して課されることとなる温室効果ガス排出量の報告義務になります（同法第26条）。

　そこで、以下では、温対法に基づく温室効果ガス排出量の報告義務に焦点を当てて解説します。

2.3.3　温室効果ガス排出量算定・報告・公表制度

　事業者による温室効果ガス排出量の報告義務は、温室効果ガス排出量算定・報告・公表制度（以下、「SHK制度」[29]）に従い、履行されることになります。SHK制度は、事業者に対して自ら温室効果ガス排出量を算定・報

告するよう義務づけることで、事業者による温室効果ガス排出量の把握、削減策の実施、削減策の効果の検証、削減策のブラッシュアップを含む PDCA（Plan〈計画〉、Do〈実行〉、Check〈測定・評価〉、Action〈対策・改善〉）サイクルを促し、温室効果ガス排出削減を促進することを目的として、2005年の改正により温対法に追加され、2006年から運用が開始された制度です。

　温対法の下では、一定量以上の温室効果ガスを排出する事業者は、「特定排出者」（同法第26条第1項）として位置づけられ、SHK制度を通じて、温室効果ガス排出量を算定し、国へ報告することが求められます。SHK制度を通じて報告された温室効果ガス排出量に関するデータは、事業者のパフォーマンスを可視化し、市場に反映することを目的として、国により公表されます。

2.3.4　特定排出者

　2.3.3のとおり、SHK制度の対象となるのは特定排出者です。特定排出者の範囲は、排出される温室効果ガスごとに基準が設けられています。具

図表 2-10　特定排出者の範囲

温室効果ガスの区分	特定排出者に該当する者
エネルギー起源CO2（燃料の燃焼、他者から供給された電気又は熱の使用に伴い排出されるCO2）[30]	①全事業所の原油換算エネルギー使用量合計が 1,500kl/年以上となる事業者[31] ②「特定輸送排出者」に該当する者[32]
エネルギー起源CO2でないCO2（非エネルギー起源CO2）及びその他の温室効果ガス（6.5ガス）[33]	次のいずれの条件も満たす事業者 (i)　事業者全体で常時使用する従業員の数が21人以上であること (ii) 温室効果ガスごとに、全事業所の排出量合計が CO2換算で3,000t-CO2/年以上であること

出所：筆者作成

図表 2-11　エネルギー起源 CO2 排出量の報告対象事業者

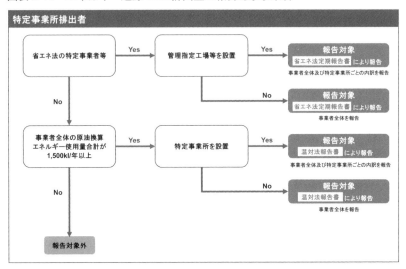

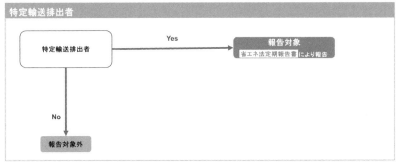

出所：SHK 制度ウェブサイト掲載図を参考に筆者作成

体的には、図表2-10のとおりです（温対法第26条第1項、同法施行令第5
条）。

　特定排出者は、自らの温室効果ガス排出量を算定し、事業所管大臣に対
して、前年度の排出量情報を報告する義務を負います。当該算定及び報告
については、特定排出者全体の温室効果ガスの排出量を算定し、報告する
必要がありますが、特定排出者のうち特定輸送排出者以外の事業者（以下、

図表 2-12　6.5 ガス排出量の報告対象事業者

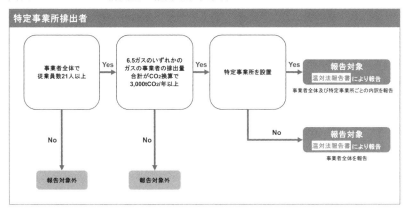

出所：SHK 制度ウェブサイト掲載図を参考に筆者作成

「特定事業所排出者」）については、一定の規模以上の事業所（以下、「特定事業所[34]」）を有する場合には、特定事業所ごとの温室効果ガス排出量の算定及び報告も求められます。報告を受けた事業所管大臣は、当該情報の内容を環境大臣及び経済産業大臣に対して通知し（温対法第28条）、通知を受けた両大臣は、これらの情報を集計し、国民に対して広く公表することになります（同法第29条）。

　特定排出者の判定フローと温室効果ガス排出量の報告の仕方は、図表2-11・2-12のとおりです。

2.3.5　排出量算定の対象となる活動

　SHK制度においては、すべての事業者の活動が算定の対象となるわけではありません。排出量算定の対象となる活動は、SHK制度ウェブサイトにおいて列記されており、2023年6月時点では、図表2-13のとおりです。[36]

　なお、海外に所在する事業所及び海外の別法人は報告の対象外ですが、国内にある海外法人は報告の対象となります。また、いわゆるフランチャ

図表 2-13　SHK 制度における排出量算定対象活動一覧

エネルギー起源CO2	●燃料の使用 ●他者から供給された電気の使用 ●他者から供給された熱の使用
非エネルギー起源CO2	●原油又は天然ガスの試掘・生産 ●セメントの製造 ●生石灰の製造 ●ソーダ石灰ガラス又は鉄鋼の製造 ●ソーダ灰の製造 ●ソーダ灰の使用 ●アンモニアの製造 ●シリコンカーバイドの製造 ●カルシウムカーバイドの製造 ●エチレンの製造 ●カルシウムカーバイドを原料としたアセチレンの使用 ●電気炉を使用した粗鋼の製造 ●ドライアイスの使用 ●噴霧器の使用 ●廃棄物の焼却又は製品の製造の用途への 　使用・廃棄物燃料の使用
メタン(CH4)	●燃料を燃焼の用に供する施設・機器における 　燃料の使用 ●電気炉における電気の使用 ●石炭の採掘 ●原油又は天然ガスの試掘・生産 ●原油の精製 ●都市ガスの製造 ●カーボンブラック等化学製品の製造 ●家畜の飼養 ●家畜の排せつ物の管理 ●稲作 ●農業廃棄物の焼却 ●廃棄物の埋立処分 ●工場廃水の処理 ●下水、し尿等の処理 ●廃棄物の焼却又は製品の製造の用途への 　使用・廃棄物燃料の使用

一酸化二窒素（N2O）	●燃料を燃焼の用に供する施設・機器における燃料の使用 ●原油又は天然ガスの試堀・生産 ●アジピン酸等化学製品の製造 ●麻酔剤の使用 ●家畜の排せつ物の管理 ●耕地における肥料の使用 ●耕地における農作物の残さの肥料としての使用 ●農業廃棄物の焼却 ●工場廃水の処理 ●下水、し尿等の処理 ●廃棄物の焼却又は製品の製造の用途への使用・廃棄物燃料の使用
ハイドロフルオロカーボン類（HFC）	●クロロジフルオロメタン（HCFC-22）の製造 ●ハイドロフルオロカーボン（HFC）の製造 ●家庭用電気冷蔵庫等HFC封入製品の製造におけるHFCの封入 ●業務用冷凍空気調和機器の使用開始におけるHFCの封入 ●業務用冷凍空気調和機器の整備におけるHFCの回収及び封入 ●家庭用電気冷蔵庫等HFC封入製品の廃棄におけるHFCの回収 ●プラスチック製造における発泡剤としてのHFCの使用 ●噴霧器及び消火剤の製造におけるHFCの封入 ●噴霧器の使用 ●半導体素子等の加工工程でのドライエッチング等におけるHFCの使用 ●溶剤等の用途へのHFCの使用
パーフルオロカーボン類（PFC）	●アルミニウムの製造 ●PFCの製造 ●半導体素子等の加工工程でのドライエッチング等におけるPFCの使用 ●溶剤等の用途へのPFCの使用

六ふっ化硫黄（SF6）	●マグネシウム合金の鋳造 ●SF6の製造 ●変圧器等電気機械器具の製造及び使用の開始における SF6 の封入 ●変圧器等電気機械器具の使用 ●変圧器等電気機械器具の点検における SF6 の回収 ●変圧器等電気機械器具の廃棄における SF6 の回収 ●半導体素子等の加工工程でのドライエッチング等における SF6 の使用
三ふっ化窒素（NF3）	●三ふっ化窒素（NF3）の製造 ●半導体素子等の加工工程でのドライエッチング等における NF3 の使用

出所：SHK 制度ウェブサイト掲載図を参考に筆者作成

イズ事業を営む特定排出者については、一定の要件を充足した場合、フランチャイズチェーンの事業活動についても、報告の対象範囲に含まれます（温対法第26条第2項、温室効果ガス算定排出量等の報告等に関する命令第5条の2）。

2.3.6 排出量の算定

2.3.6.1 排出量算定の流れ

　SHK制度における温室効果ガス排出量の算定の具体的な流れは、以下のとおりです。

① 排出活動の抽出

　2.3.5で説明した温室効果ガスごとに定められた排出量算定の対象となる活動のうち、事業者が行っている活動を特定し、抽出します。

② 活動ごとの排出量の算定

　①にて抽出した事業者が行っている活動ごとに、政省令で定められてい

る算定方法及び排出係数を用いて、温室効果ガスの排出量を算定します。基本的には、以下の算定式に従うことになります。

温室効果ガス排出量(tガス)＝活動量×排出係数

※活動量：生産量、使用量、焼却量等、排出活動の規模を表す指標。
※排出係数：活動量当たりの排出量。

---

③ 排出量の合計値の算定

温室効果ガスごとに、②にて算定した排出量を合算します。なお、他人に供給した電気又は熱に伴うCO_2排出量や、他人に供給した温室効果ガスの量は、算定、報告する温室効果ガス排出量から控除します。ただし、電気事業用の発電所又は熱供給事業用の熱供給施設を設置している特定排出者の場合は、他人に供給した電気又は熱に伴う排出量を控除した排出量とは別に、燃料の使用に伴う排出量として、他人への電気又は熱の供給にかかる排出量も含めて報告する必要があります。

④ 排出量のCO_2換算値の算定

③で算定した排出量は、温室効果ガスごとの単位で表した数値となっていることから、以下の算定式によりCO_2に換算します。これを合計したものを「基礎排出量」といいます。

温室効果ガス排出量(t-CO_2)＝温室効果ガス排出量(tガス)×地球温暖化係数

※地球温暖化係数：温室効果ガスごとに地球温暖化をもたらす程度について、CO_2との比を表したもの。

---

⑤ 調整後温室効果ガス排出量の調整

特定事業所排出者は、④で算定した温室効果ガスの基礎排出量とともに調整後温室効果ガス排出量（調整後排出量）をあわせて報告する必要があ

ります。

　調整後排出量は、基本的には、以下のような算定式に基づき、基礎排出
量から、無効化した国内・海外認証排出削減量を控除するなどして算定し
ます。この調整後排出量の算定にあたって、特定事業所排出者が取得した
環境価値が考慮されることとなります。

調整後排出量(t-CO2) =
①当該年度の電気の使用量×当該年度の前年度の調整後排出係数
＋②エネルギー起源CO2(燃料・熱由来)の基礎排出量
＋③非エネルギー起源CO2の基礎排出量[※1]
＋④CH4、N2O、HFC、PFC、SF6及びNF3の基礎排出量
－⑤無効化された国内認証排出削減量又は海外認証排出削減量
－⑥非化石電源二酸化炭素削減相当量
＋⑦自らが創出した国内認証排出削減量のうち他者へ移転した量[※2]

※1 廃棄物原燃料使用に伴うものを除く。[37]
※2 森林の整備及び保全により吸収された温室効果ガスの吸収量として認証されたもの
　　並びにバイオ炭の農地施用により土壌に貯留された温室効果ガスの貯留量として認
　　証されたものを除く。[38]

　ここで、温対法における環境価値の活用方法として、A.国内認証排出削
減量又は海外認証排出削減量としての活用とB.非化石電源二酸化炭素削
減相当量としての活用の仕方が考えられます。

A. 国内認証排出削減量又は海外認証排出削減量としての活用

　特定事業所排出者は、一定のクレジットなどを償却又は無効化すること
により、当該クレジットにおいて表象されるt-CO2分の国内認証排出削
減量又は海外認証排出削減量を調整後排出量の算定において、減算するこ
とができます。

　2023年6月時点において、活用可能な国内認証排出削減量又は海外認
証排出削減量は、図表2-14のとおりです。

図表 2-14　国内認証排出削減量及び海外認証排出削減量一覧

国内認証排出削減量	海外認証排出削減量
① 国内クレジット ② オフセット・クレジット(J-VER) ③ 認証済みグリーン電力証書[39] ④ J-クレジット	① JCMクレジット

出所：筆者作成

B. 非化石電源二酸化炭素削減相当量としての活用

　非化石電源二酸化炭素削減相当量とは、特定事業所排出者が調達した非化石証書の量に毎年度経済産業省及び環境省が公表する全国平均係数及び補正率を乗じて得られるCO_2の量です。調整後排出量の算定においては、非化石電源二酸化炭素削減相当量を、電気事業者（小売電気事業者、一般送配電事業者及び登録特定送配電事業者）から小売供給された電気の使用に伴い発生するCO_2の排出量を上限として、控除することができます。

　非化石電源二酸化炭素削減相当量の算定方法は、以下のとおりとなります。

> 非化石電源二酸化炭素削減相当量(t-CO2) ＝ 非化石証書の量(kWh) × 全国平均係数(t-CO2/kWh)[40] × 補正率[41]

2.3.6.2　他人から供給された電気の使用に伴う温室効果ガス排出量

　SHK制度においては、他人から供給された電気を使用する際、当該他人が発電する際に排出したCO_2を間接的に排出したとみなし、これに伴う温室効果ガス排出量についても算定・報告することが必要とされています。そこで、以下では、他人から供給された電気の使用に伴う温室効果ガス排出量の算定方法について、詳しくみていきたいと思います。

まず、他人から供給された電気の使用に伴う温室効果ガス排出量の基本的な算定式は、以下のとおりとなります。

温室効果ガス排出量(t-CO2) = 電気使用量(kWh) × 排出係数[42](t-CO2/kWh)

　ここで留意が必要なのが、排出係数としてどのような値を用いるべきかという点です。2.3.6.1で説明したとおり、特定事業所排出者は、温室効果ガスの基礎排出量に加えて、調整後排出量を算定し、報告する必要がありますが、この基礎排出量を算定するのか、調整後排出量を算定するのかによって、排出係数として用いるべき数値が異なることになります。具体的には、以下のとおりです。

① 基礎排出量を算定する場合
　基礎排出量を算定する場合は、以下の基礎排出係数を用いて計算します。

(i)　小売電気事業者又は一般送配電事業者から供給された電気を使用している場合は、国が公表する当該事業者ごとの基礎排出係数[43]
(ii)　上記(i)以外の者から供給された電気を使用している場合は、(i)の係数に相当する係数で、実測等に基づく適切な排出係数
(iii)　上記(i)及び(ii)の方法で算定できない場合は、上記(i)及び(ii)の係数に代替するものとして、環境大臣・経済産業大臣が公表する係数

　基礎排出係数は、基本的には、以下の計算式に基づいて、電気の供給事業者ごとに算定されます。

$$基礎排出係数 = \frac{販売した電気を発電する際に燃料から排出されたCO_2の量(t-CO_2)}{販売した電力量(kWh)}$$

② 調整後排出量を算定する場合

　調整後排出量を算定する場合は、基礎排出係数ではなく、電気の供給を受けている小売電気事業者又は一般送配電事業者ごとの調整後排出係数又はメニュー別排出係数を用います。小売電気事業者又は一般送配電事業者ごとの調整後排出係数又はメニュー別排出係数は、国が毎年度公表します[44]。

　調整後排出係数は、以下の計算式に基づいて、電気の供給事業者ごとに算定されます。

調整後排出係数 $= \dfrac{A}{B}$

A = 基礎 CO_2 排出量(t-CO_2) + FIT・非 FIT 調整 CO_2 排出量(t-CO_2) − 非化石電源 CO_2 削減相当量(t-CO_2) − 国内・海外認証排出削減量(t-CO_2)
B = 販売した電力量(kWh)

※基礎 CO_2 排出量：小売電気事業者又は一般送配電事業者が供給した電気を発電する際に燃料から排出された CO_2 の量。
※ FIT・非 FIT 調整 CO_2 排出量：小売電気事業者又は一般送配電事業者が調達した「抜け殻電気[45]」に経済産業省及び環境省が公表する全国平均係数を乗じたもの。
※非化石電源 CO_2 削減相当量：小売電気事業者又は一般送配電事業者が調達した非化石証書に全国平均係数を乗じたもの。
※国内・海外認証排出削減量：小売電気事業者又は一般送配電事業者が排出係数調整のために無効化した国内・海外認証排出削減量 （J- クレジットなど）。

　また、特定事業所排出者がメニュー別排出係数を公表する小売電気事業者又は一般送配電事業者から電気の供給を受ける場合、当該電気にかかる温室効果ガスの排出量については、事業者ごとに算定された調整後排出係数ではなく、メニュー別排出係数を用いることになります。メニュー別排出係数は、小売電気事業者又は一般送配電事業者が個々の料金メニューごとに個別に算定した排出係数のことであり、公表を希望する小売電気事業者又は一般送配電事業者が算定のうえ、経済産業省及び環境省に提出し、その確認を経て公表されることになります。

以上のとおり、基礎排出係数が、非化石証書やクレジットによるオフセット分を考慮しない排出係数なのに対し、調整後排出係数やメニュー別排出係数は、非化石証書やクレジットによるオフセット分を考慮し、調整された排出係数となります。したがって、特定事業所排出者が調整後排出量を報告する際には、調整後排出係数又はメニュー別排出係数の利用を通じて、当該小売電気事業者又は一般送配電事業者が保有する非化石証書やクレジットによるオフセットを間接的に利用していると評価できます。

2.3.7　排出量の報告

　特定排出者は、温室効果ガス排出量を算定したのち、これを所定の方法により報告する必要があります。報告の期限については、特定排出者については、毎年度7月末日まで、特定輸送排出者は、毎年度6月末日までとされており、算定の対象となる事業者の事業所管大臣に報告書を提出することにより行う必要があります。[46]

　報告書の提出方法としては、書面による提出のほか、EEGS[47]という電子報告システムによる報告も可能です。

　なお、2.4.3にて解説する省エネ法に基づく定期報告が必要とされる事業者について、エネルギー起源CO_2の排出量については省エネ法に基づく定期報告により報告するものとされており、当該定期報告による報告があった場合には、温対法における報告があったとみなされます（温対法第34条）。

2.3.8　排出量の公表

　環境大臣及び経済産業大臣は、SHK制度のもと集計され、事業所管大臣から通知があったデータの結果を、関連情報とあわせて公表します（温対法第28 ～ 29条）。集計結果の公表は、SHK制度ウェブサイトから行われ

図表 2-15　公表又は開示請求の対象となる情報

公表の対象	① 特定事業所排出者・特定輸送排出者の温室効果ガス算定排出量（事業者及び業種別） ② 特定事業所排出者の調整後排出量（事業者別） ③ 特定事業所の算定排出量（都道府県別）
開示請求の対象	**（事業者全体）** ① 事業者に関する情報 ② 特定事業所排出者における温室効果ガスの種類ごとの算定排出量 ③ 特定事業所排出者における調整後排出量 ④ 特定事業所排出者における国内認証排出削減量及び海外認証排出削減量の種類ごとの合計量 ⑤ 事業者にかかる関連情報 **（特定事業所ごと）** ⑥ 特定事業所に関する情報 ⑦ 特定事業所の温室効果ガスの種類ごとの算定排出量 ⑧ 特定事業所にかかる関連情報

出所：筆者作成

ます。[48]

　また、公表されない情報であっても、一定の情報については、誰でも開示請求を行うことができます。

　公表の対象となる情報及び開示請求の対象となる情報は、図表 2-15 のとおりです。

　もっとも、温室効果ガスの排出量に関するデータは、事業者によっては、企業秘密そのものであり、その公表によって事業者の利益や競争上の地位が脅かされる可能性もあります。

　そこで、特定排出者が、SHK 制度のもとで報告した温室効果ガス算定排出量の情報が公表されることによって、自身の権利、競争上の地位その他正当な利益が害されるおそれがあると思料する場合、当該温室効果ガス算定排出量に代えて、当該特定事業者にかかる温室効果ガス排出量を合計した量をもって、環境大臣及び経済産業大臣に対して通知するよう、事業所管大臣に請求することができます（温対法第 27 条）。この場合において、事業所管大臣が、当該特定排出者の権利、競争上の地位その他正当な利益

が害されるおそれがあると認めた場合には、事業所管大臣は当該請求に応じて、当該特定事業者にかかる温室効果ガス排出量を合計した量をもって、環境大臣及び経済産業大臣に対して通知することとなり（同法第28条第2項第2号）、その結果、特定排出者は、個別の温室効果ガスの排出量についての詳細な情報の公表を避けることができます。

2.3.9　需要家が購入した環境価値の取り扱い

　特定排出者は、SHK制度の下で、温室効果ガス排出量を算定し、報告しなければなりませんが、基礎排出量の算定にあたっては、環境価値は考慮されません。したがって、環境価値の活用は、調整後排出量の算定にあたって行うこととなります。なお、特定輸送排出者については調整後排出量の算定は求められませんが、非化石エネルギーの使用割合などの情報の報告を省エネ法に基づく定期報告を通じて実施することとなりますので、2.4にて解説する省エネ法の定期報告において、環境価値を活用することができます。

　調整後排出量の算定における環境価値の活用方法としては、主に2通りあると考えられます。1つ目が、小売電気事業者又は一般送配電事業者からの電気の供給を受けるにあたって、当該小売電気事業者又は一般送配電事業者の調整後排出係数又はメニュー別排出係数を用いることで、調整後排出量の算定のうち、他人から供給された電気の使用に伴う温室効果ガス排出量の算定にあたって間接的に活用する方法です（2.3.6.2②）。2つ目が、調整後排出量の算定にあたって、国内認証排出削減量、海外認証排出削減量又は非化石電源二酸化炭素削減相当量として、直接環境価値を活用する方法です（2.3.6.1⑤）。

　前者の方法による場合は、特定事業所排出者が、電気の調達を実施する際、調整後排出係数の低い小売電気事業者又は一般送配電事業者を選択したり、メニュー別排出係数が低い電力メニューを選択したりすることによ

り、小売電気事業者又は一般送配電事業者が保有する環境価値を間接的に活用することとなります。したがって、特定事業所排出者が直接に保有する環境価値を利用するわけではありません。後者の方法による場合は、特定事業所排出者が直接保有する環境価値をそのまま利用することとなりますが、環境価値として利用できるクレジット及び証書は一定のものに限られます。また、非化石電源二酸化炭素削減相当量として非化石証書を活用する際は、活用できる非化石証書の量に上限が設けられていることにも留意が必要です。

　加えて、2.3.7で解説したとおり、省エネ法に基づく定期報告の義務を負う事業者については、エネルギー起源CO_2の排出量の報告について、省エネ法に基づく定期報告により行うものとされています。したがって、エネルギー起源CO_2の排出量については、2.4にて解説する省エネ法における環境価値の活用方法も把握しておく必要があります。

2.4　ゼロエミ価値と省エネ法

2.4.1　省エネ法とは

　高度化法・温対法と並び、環境価値との関連が強い法令としては省エネ法も挙げられます。

　省エネ法は、1970年代の石油危機を契機として、化石エネルギーの使用の合理化などを目的として制定された法律です。したがって、制定当初は、化石エネルギーの使用が念頭に置かれており、非化石エネルギーについては対象外でした。

　しかし、2050年カーボンニュートラルに向け、日本のエネルギー需給構造の転換が目標として掲げられ、また、ロシア・ウクライナ問題をはじめとする国際的なエネルギー情勢の危機的状況のなかで安定的なエネルギー供給の確保が重要な政策課題として目されるなか、2022年5月に省エネ

図表 2-16　省エネ法上対象となるエネルギーについて

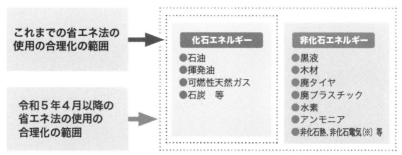

※太陽熱、太陽光発電電気など

すべてのエネルギーの使用の合理化が求められます。

出所：　経済産業省資源エネルギー庁ウェブサイト（省エネポータルサイト）

法の改正が行われ（以下、「本省エネ法改正[49]」）、省エネ法は、その目的を、非化石エネルギー[51]を含めたエネルギー[50]の使用の合理化及び非化石エネルギーへの転換の促進へと変容させ、役割を大きく拡大することとなりました。

　なお、「非化石エネルギーへの転換」とは、「使用されるエネルギーのうちに占める非化石エネルギーの割合を向上させること」（省エネ法第2条第5項）をいいます。

2.4.2　省エネ法上の事業者の責務

2.4.2.1　省エネ法の規制の枠組み

　省エネ法上の規制は、大きく分けて、(i) 工場又は事務所その他の事業場（以下、「工場等」）の設置者や輸送事業者・荷主に対して、省エネルギーや非化石エネルギーへの転換への取り組みを実施する際の判断基準を示したうえで、計画の作成や実績の公表などを求めるエネルギー使用者への直接規制（同法第3〜4章など）と、(ii) 機械器具等の製造業者又は輸入事業者を対象として、機械器具等のエネルギー消費効率などの目標を示して達成を求めるエネルギー使用者への間接規制（同法第6章など）とに分けら

れます。

　環境価値取引の文脈においては、主に省エネルギーや非化石エネルギーへの転換への取り組みが重要であるため、本書においては、(i)エネルギー使用者への直接規制に焦点を当てて解説します。

　省エネ法では、高度化法と同様に、①エネルギーの使用の合理化及び非化石エネルギーへの転換等に関して、経済産業大臣により策定される基本方針（同法第3条第1項。以下、2.4において、「基本方針」）及び②エネルギーの使用の合理化及び非化石エネルギーへの転換等のために取り組むべき措置に関して、工場等の設置者、輸送事業者・荷主等、省エネ法において規制対象となる事業者の種別ごとに策定される判断の基準となるべき事項（同法第5条第1～2項、第103条第1～2項、第111条第1～2項など。以下、2.4において、「判断基準」）が、それぞれ事業者が遵守すべき基本的な方針と具体的な基準を示したものとして、重要な役割を有します。

　以下では、それぞれの内容及び役割について、概説します。

① 基本方針

　基本方針は、経済産業大臣が以下の事項について、エネルギー需給の長期見通し、電気その他のエネルギーの需給を取り巻く環境、エネルギーの使用の合理化及び非化石エネルギーへの転換に関する技術水準その他の事情を勘案して定め、公表するものとされています（省エネ法第3条第1～2項）。

(i)　エネルギーの使用の合理化及び非化石エネルギーへの転換のためにエネルギーを使用する者等が講ずべき措置に関する基本的な事項

(ii)　エネルギーの使用の合理化及び非化石エネルギーへの転換等の促進のための施策に関する基本的な事項

(iii) その他エネルギーの使用の合理化及び非化石エネルギーへの転換等に関する事項

エネルギーを使用する者は、この基本方針の定めるところに留意して、エネルギーの使用の合理化及び非化石エネルギーへの転換に努めるとともに、電気の需要の最適化に資する措置を講ずるよう努めなければならないとされています（省エネ法第4条）。

② 判断基準

　判断基準は、省エネ法における規制対象となる事業者の種別ごとに、エネルギーの使用の合理化及び非化石エネルギーへの転換に関する目標及び計画的に取り組むべき措置（同法第5条第1 〜 2項、第103条第1 〜 2項、第111条第1 〜 2項など）について、判断の基準となるべき事項を定めたものです。

　かかる判断基準は、2.4.4で詳述する中長期計画書や2.4.3で詳述する定期報告を作成するにあたっての基準となり、また、高度化法の場合と同様に、経済産業省による指導、助言、勧告、命令における判断要素ともなります。

2.4.2.2　エネルギーの使用量が多い事業者の法的義務

　工場等の設置者、貨物輸送事業者、荷主、旅客輸送事業者、航空輸送事業者が図表2-17の該当要件を充足した場合には、経済産業大臣又は国土交通大臣にその旨を届け出る必要があります。[52] そして、届出を受けた経済産業大臣又は国土交通大臣は、その者を特定事業者等、[53] 特定貨物輸送事業者、特定荷主、認定管理統轄荷主、特定旅客輸送事業者、認定管理統轄貨客輸送事業者、特定航空輸送事業者（以下、「報告義務等対象事業者」）として指定又は認定します（省エネ法第7条、第19条、第31条など）。

　報告義務等対象事業者は、エネルギーの使用の合理化及び非化石エネルギーへの転換の目標に関して、中長期的な計画を策定し、主務大臣に提出しなければなりません（省エネ法第15条、第27条、第39条など）。また、報告義務等対象事業者は、毎年度、エネルギーの使用量その他エネル

ギーの使用の状況などについて、主務大臣に報告することが求められます（同法第16条、第28条、第40条など）。中長期計画書の詳細については2.4.4を、定期報告義務の詳細については2.4.3を参照してください。

　また、特定事業者等については、中長期的な計画の作成事務やエネルギーの使用の合理化に関して、業務を統括管理するエネルギー管理統括者（省エネ法第8条、第20条、第32条）やエネルギー管理統括者を補佐するエネルギー管理企画推進者（同法第9条、第21条、第33条）を選任しなければなりません。

　報告義務等対象事業者の範囲や義務の内容をまとめると、図表2-17のとおりです。

図表 2-17　報告義務等対象事業者一覧

事業者の分類	該当要件	主な義務
特定事業者	原油換算エネルギー使用量が1,500kl/年以上	• エネルギー管理統括者及びエネルギー管理企画推進者の選任義務 • 中長期計画書の提出義務 • エネルギー使用状況などの定期報告義務
特定貨物輸送事業者	• 鉄道車両300両以上 • 保有車両トラック200台以上 • 保有船舶の合計2万t以上	• 中長期計画書の提出義務 • エネルギー使用状況などの定期報告義務
特定荷主	輸送量（貨物の重量〈t〉×距離〈km〉）3,000万t/年以上	
特定旅客輸送事業者	• 鉄道車両300両以上 • 乗合自動車200台以上 • 乗用自動車350台以上 • 保有船舶の合計2万t以上	
特定航空輸送事業者	最大離陸重量9,000t/年以上	

出所：筆者作成

2.4.2.3　特定事業者等に対して課される工場等単位の法的義務

　特定事業者等の設置する工場等のうち、原油換算エネルギー使用量が[54]3,000kl/年以上となるものは、第一種エネルギー管理指定工場等に指定[55]され（省エネ法第10条、第22条、第34条、第43条）、当該工場等を設置する者(以下、「第一種認定事業者等」)[56]は、原則として、当該工場等（ただし、製造業、鉱業、電気供給業、ガス供給業、熱供給業〈以下、「製造5業種」〉に属する事業の用に供する工場等に限ります）ごとに、エネルギー管理者を設置する必要があります[57]（同法第11条、第23条、第35条、第44条）。

　また、第一種認定事業者等のうち、製造5業種以外の第一種エネルギー

図表 2-18　管理者等の選任義務のまとめ

選任すべき者	事業者の区分			選任数
エネルギー管理統括者	特定事業者、特定連鎖化事業者又は認定管理統括事業者			1人
エネルギー管理企画推進者	特定事業者、特定連鎖化事業者又は認定管理統括事業者			1人
エネルギー管理者	（第一種指定事業者を除く）第一種特定事業者[注3]（第一種エネルギー管理指定工場等（製造5業種））	①コークス製造業、電気供給業、ガス供給業、熱供給業の場合	10万kℓ／年度以上	2人
			10万kℓ／年度未満	1人
		②製造業（コークス製造業を除く）、鉱業の場合	10万kℓ／年度以上	4人
			5万kℓ／年度以上10万kℓ／年度未満	3人
			2万kℓ／年度以上5万kℓ／年度未満	2人
			2万kℓ／年度未満	1人
エネルギー管理員	第一種指定事業者（第一種エネルギー管理指定工場等（製造5業種以外））[注3]			1人
	第二種特定事業者（第二種エネルギー管理指定工場等）[注3]			1人

注3：指定区分・事業者区分の名称
「エネルギー管理指定工場等ごとの義務」の表のうち、指定区分・事業者の区分に記載されている用語は、特定連鎖化事業者、認定管理統括事業者及び管理関係事業者においては下表の通り読み替える。

特定事業者	第一種（第二種）エネルギー管理指定工場等	第一種（第二種）特定事業者	第一種指定事業者
特定連鎖化事業者	第一種（第二種）連鎖化エネルギー管理指定工場等	第一種（第二種）特定連鎖化事業者	第一種指定連鎖化事業者
認定管理統括事業者	第一種（第二種）管理統括エネルギー管理指定工場等	第一種（第二種）認定管理統括事業者	第一種指定管理統括事業者
管理関係事業者	第一種（第二種）管理関係エネルギー管理指定工場等	第一種（第二種）管理関係事業者	第一種指定管理関係事業者

出所：経済産業省資源エネルギー庁ウェブサイト（省エネポータルサイト）

管理指定工場等を設置する者[58]は、当該工場等ごとに、エネルギー管理員を設置する必要があります（省エネ法第12条、第24条、第36条、第45条）。

　さらに、特定事業者等の設置する工場等のうち、原油換算エネルギー使用量が1,500kl/年以上となるものは、第二種エネルギー管理指定工場等[59]に指定され（省エネ法第13条、第25条、第37条、第46条）、当該工場等を設置する者[60]は、当該工場等ごとに、エネルギー管理員を設置する必要があります（同法第14条、第26条、第38条、第47条）。

　特定事業者等について、事業者全体としての管理者等の選任義務と工場等ごとの管理者等の選任義務をまとめると、図表2-18のとおりとなります。

2.4.3　定期報告義務

　報告義務等対象事業者は、省エネ法上、毎年度、前年度のエネルギーの使用の状況などについて、定期報告を行うことが求められます（省エネ法第16条、第28条、第40条など）。そこで、以下では、主に特定事業者等を念頭において、定期報告義務について解説します。

① エネルギー使用量の報告の対象

　省エネ法上の定期報告においては、特定事業者等が設置するすべての工場等で使用するエネルギーが報告の対象となります。工場等には、一定の目的をもってなされる同種の行為の反復継続的遂行が行われる一定の場所であれば、営利的事業か非営利的事業かを問わず、あらゆる場所が含まれます。ただし、社宅や社員寮など住居の用に供する施設は、「工場等」には該当しないとされています。

　定期報告書においては、エネルギー使用量のほかに、エネルギー消費原単位[61]などを報告することが求められます。

　また、本省エネ法改正に伴い、今後は、非化石エネルギーの使用状況や

非化石エネルギー使用割合に計上する熱・電気の国内認証非化石エネルギー相当量等にかかる情報、熱・電気供給事業者から購入した電力の種別及び非化石割合にかかる情報などを報告することも求められます。

② エネルギー使用量の算定方法

　エネルギー使用量は、エネルギーの種類ごとに、使用した燃料等の数量に一定の係数を乗じ、発熱量として換算して記載します。また、他者から供給された電気についても、使用した電気の量に直近3年間の全電源平均係数を乗じ、発熱量として換算して記載します。最後に、発熱量に換算したエネルギー使用量を合計し、一定の係数を用いて、原油換算したものを定期報告書に記載することになります。

　省エネ法におけるエネルギー換算のイメージは、図表2-19のとおりです。

③ 非化石エネルギー使用割合の算定方法

　非化石エネルギーの使用割合については、電気、熱、燃料をすべて一次エネルギー換算（原油換算）し、事業者全体の非化石エネルギー使用割合を算出することになります。

　省エネ法における非化石エネルギーの使用割合の算定のイメージは、図表2-20のとおりです。

　電気事業者（小売電気事業者、一般送配電事業者又は登録特定送配電事業者）から調達する電気については、電気使用量（kWh）に全電源平均係数（MJ/kWh）を乗じ、原油換算ベースの電気使用量（MJ）を算出したうえで、電気事業者から調達する電気について各電気事業者の非化石電源比率（%）を乗じることになります。電気事業者の非化石電源比率については、RE100などを念頭に置いた再生可能エネルギー発電由来の電気メニューは当該メニューの非化石比率を用いることになりますが、通常の電力小売契約の場合には当該電気事業者の非化石証書の使用状況を基に算定する

図表 2-19　省エネ法におけるエネルギー換算のイメージ

出所：経済産業省総合資源エネルギー調査会省エネルギー・新エネルギー分科会小エネルギー小委員会工場等判断基準
ワーキンググループ、2022 年度第 1 回工場等判断基準ワーキンググループ資料 4「改正省エネ法の具体論等について」、
2022 年 6 月

図表 2-20　非化石エネルギーの使用割合のイメージ

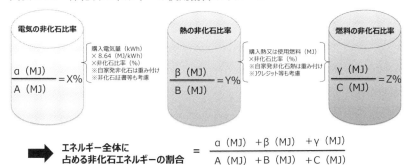

出所：経済産業省総合資源エネルギー調査会省エネルギー・新エネルギー分科会小エネルギー小委員会工場等判断基準
ワーキンググループ、2022 年度第 1 回工場等判断基準ワーキンググループ資料 4「改正省エネ法の具体論等について」、
2022 年 6 月

ことになります。

　なお、売れ残った FIT 非化石証書の非化石価値は、再エネ賦課金を負担
している需要家に広く非化石電気が提供されているものとみなし、非化石
比率算定時のベースラインとされます。[64]

　電気事業者から調達する電気に関する非化石エネルギー使用量の算定方
法は、以下のとおりです。

> 電気の使用量(kWh) × 全電源平均係数(MJ/kWh) × 電気事業者の非化石証書の使
> 用状況(%) + (電気の使用量〈kWh〉 − 電気の使用量〈kWh〉 × 電気事業者の非化石
> 証書の使用状況〈%〉) × 全電源平均係数(MJ/kWh) × ベースライン

また、省エネ法は、エネルギー使用者自らの取り組みによる非化石エネルギーの転換を原則としているため、再生可能エネルギー発電設備の自らによる設置や、オンサイト又はオフサイト PPA による非化石電気の調達など、非燃料由来の自家発自家消費型非化石電気又はそれに準じる非化石電気（以下、「重み付け非化石」）に関する非化石エネルギー使用量に関しては、重み付け非化石に該当する電気を調達する場合と非化石証書などの調達を利用する場合の発電コストや送配電ロスの差、自家発自家消費型非化石電気などへの投資促進といった政策的な観点などを総合的に踏まえて、実際の非化石エネルギー使用量に対し、一定の補正係数を乗じることにより、非化石エネルギー使用量の算定上優位に取り扱う形とされています。[65]

　重み付け非化石に該当する電気に関する非化石エネルギー使用量の算定方法は、以下のとおりです。

> 電気の使用量(kWh) × 全電源平均係数(MJ/kWh) × 当該電気の非化石比率(%) × 補正係数

　加えて、エネルギー使用者は、自ら非化石証書や J- クレジット、認証済みグリーン電力証書を調達し、これらを無効化・償却することによって、電気事業者から供給された電気の使用量のうち、当該証書等の量に相当する電気の使用量を非化石電気とみなすことができます。ただし、電気事業者から供給された電気の量を超えてこれらの証書等を活用することはできません。

④ 共同省エネルギー事業
　特定事業者等は、「我が国全体のエネルギーの使用の合理化を図るために当該特定事業者等が自主的に行う技術の提供、助言、事業の連携等による他の者のエネルギーの使用の合理化の促進に寄与する取組」（省エネ法

施行規則第38条）について、定期報告と合わせて報告することができます。かかる報告においては、J-クレジット（省エネルギーなどの分野の方法論に基づき実施されるプロジェクトに限られます）を無効化した量の報告を行うこともできます。

　共同省エネルギー事業に関する取り組みについては、事業者自身の省エネルギーの取り組みにおいて換算すること（エネルギー使用量から控除などすること）は認められていませんが、省エネルギーへの取り組みにおいて、事実上の勘案・評価を国から受けることになります。

⑤　定期報告書の提出期限

　提出期限は、特定事業者等については毎年7月末日、特定貨物輸送事業者、特定荷主、特定航空輸送事業者等の輸送事業者については毎年6月末日で、主務大臣に対して提出する必要があります。

2.4.4　中長期計画書の提出について

　報告義務等対象事業者は、省エネ法上、毎年度、中長期計画書を提出することが求められます（同法第15条、第27条、第39条など）。

　中長期計画書には、前年度のエネルギー使用量、ベンチマーク指標の見込み並びに計画内容及びエネルギー使用合理化期待効果のほか、その他エネルギー使用の合理化に関する事項及び参考情報や前年度の計画書との比較を記載する必要があります。また、本省エネ法改正に伴い、今後は、非化石エネルギーの使用割合の見込みや計画内容及び非化石エネルギー使用割合向上期待効果、その他非化石エネルギーへの転換に関する事項及び参考情報も記載することが求められることになりました。[66]

　中長期計画書は、特定事業者等については毎年度7月末日、特定貨物輸送事業者、特定荷主、特定航空輸送事業者等の輸送事業者については毎年6月末日までに提出しなければなりませんが、2.4.5にて概説するSABC評

価制度において、直近過去2年度以上連続でS評価を取得している場合、翌年度以降S評価が継続している限りにおいて、上限5年度間[67]において提出が免除されます（省エネ法施行規則第35条第2項）。なお、免除期間中であっても、中長期計画書を任意に提出することは可能です。

2.4.5　その他の省エネ法上の制度的な取り組み

その他の省エネ法上の制度的な取り組みとして、経済産業省では、各事業者から提出された定期報告書などの内容に基づき、事業者をS（優良事業者）・A（さらなる努力が期待される事業者）・B（停滞事業者）・C（要注意事業者）とクラス分けし、優良事業者については経済産業省のウェブサイトにて公表するといった取り組み（SABC評価制度）を行っています。

また、特定の業者・分野について、当該業種・分野に属する事業者が、中長期的に達成すべき省エネ基準（ベンチマーク）も公表されており（産業トップランナー制度〈ベンチマーク制度〉）、SABC評価制度における判断基準としても用いられています。

そのほかにも、電力・ガス会社による省エネに関する一般消費者向けの情報提供やサービスの充実度を調査し、取組状況を評価・公表する省エネコミュニケーション・ランキング制度も存在します。

いずれも制度の詳細や取り組みの状況については、経済産業省資源エネルギー庁の省エネポータルサイト[68]から確認することができます。

2.4.6　非化石エネルギーへの転換に関する措置について

2.4.1で説明したとおり、本省エネ法改正の結果、省エネ法は、化石エネルギーの使用の合理化のみならず、非化石エネルギーへの効率的な転換をも法律の目的とすることになりました。エネルギーの使用の合理化及び非化石エネルギーへの転換並びに電気の需要の最適化を総合的に進める見

地から、経済産業大臣により、エネルギーの使用の合理化及び非化石エネルギーへの転換等に関する基本方針が定められ、公表されており（同法第3条第1項）、また、これに加えて、工場等においてエネルギーを使用して事業を行う者の判断の基準となるべき事項も、経済産業省による告示の形で公表されています（同法第5条第1〜2項、第103条第1〜2項、第111条第1〜2項など）。[69]

　報告義務等対象事業者については、エネルギーの使用の合理化のみならず、非化石エネルギーへの転換についても、こうした基本方針や判断の基準となるべき事項に従って、中長期的な計画を作成し、また、定期的な報告を行うことが義務づけられます。そして、非化石エネルギーへの転換の状況が著しく不十分であると認められるときは、非化石エネルギーへの転換に関し、必要な措置を取るべき旨の勧告が行われる可能性があり、事業者が当該勧告に従わなかった場合は、その旨が公表される可能性があります（省エネ法第18条、第30条、第42条など）。

2.4.7　需要家が購入した非化石証書の取り扱い

　報告義務等対象事業者は、中長期計画書のなかで、非化石エネルギーへの効率的な転換に向けて具体的な目標を掲げていかなければならず、定期報告書において、その実施状況を毎年報告していかなくてはなりません。

　非化石エネルギーへの転換の方法としては、再生可能エネルギー発電設備の自身での設置や、コーポレートPPAによる再生可能エネルギー電気の調達、小売電気事業者の提供する再生可能エネルギーに紐づいた電気メニューなどによる電気の調達のほか、事業者が自ら非化石証書やクレジットを調達する方法も考えられます。

　なお、温対法における非化石電源二酸化炭素削減相当量と同様に、電気に関して活用できる証書等は、電気事業者から供給された電気の使用量を超えて利用することはできません。

利用可能な証書などは、図表2-21のとおりです。

報告義務等対象事業者は、これらの多様な選択肢の中から、自身にとって何が最も望ましいのかを個別の事情に応じて判断し、適切に対応していくことが求められると考えられます。

図表 2-21　省エネ法上利用可能な証書・クレジット

熱	電気	その他
・非化石熱由来J-クレジット ・認証済みグリーン熱証書 ・非化石熱由来国内クレジット ・非化石熱由来オフセット・クレジット	・非化石証書 ・非化石電気由来J-クレジット ・認証済みグリーン電力証書 ・非化石電気由来国内クレジット ・非化石電気由来オフセット・クレジット	・その他わが国全体の非化石エネルギーへの転換に資するものとして適切であると認められる証書など

出所：筆者作成

〈脚注〉

8　経済産業省、「電力の小売営業に関する指針」（平成 28 年 1 月制定、令和 5 年 4 月 1 日最終改定）、20 頁脚注 15。もっとも、これらはあくまでも法令上認められている主な環境価値であって、例えば、温室効果ガス排出量がゼロであることの価値は、RE100 や CDP、SBTi はじめさまざまな制度において評価されています。

9　電力の小売営業に関する指針においては、温対法についての言及しかありませんが、エネルギーの使用の合理化及び非化石エネルギーへの転換等に関する法律（昭和 54 年法律第 49 号。以下、「省エネ法」）との関係においても、温室効果ガス排出量がゼロであることの価値は認められていると考えられます。

10　例えば、特定の発電所において発電された電気を、当該電気に紐づく環境価値とともに売却するといった取引が行われることがありますが（海外では、電気と切り離されていない環境価値のことを「bundled」、電気から切り離された環境価値のことを「unbundled」と呼称することもあります）、こうした取引においては、産地価値・特定電源価値もともに売買していると評価できる場合もあります。

11　「エネルギー源の環境適合利用」とは、「電気、熱若しくは燃料製品のエネルギー源として非化石エネルギー源を利用すること……又は電気事業者が電気のエネルギー源としての化石燃料の利用に伴って発生する CO2 を回収し、及び貯蔵する措置……を行うこと」をいうと定義されています（高度化法第 2 条第 4 項）。ここで、「非化石エネルギー源」とは、電気、熱又は燃料製品のエネルギー源として利用することができるもののうち、原油、石油ガス、可燃性天然ガス及び石炭等の化石燃料以外のもののことを指します（同法第 2 条第 2 項）。なお、水素・アンモニアなどの脱炭素燃料の利用促進のための措置として、2023 年 4 月 1 日から施行された改正後の同法においては、水素やアンモニアは非化石エネルギー源に含まれることとされました。

12　「化石エネルギー原料」とは、原油、石油ガス、可燃性天然ガス及び石炭等の化石燃料のうち、燃料製品（化石エネルギー原料から製造される石油製品、可燃性天然ガス製品その他の製品のうち、燃焼の用に供されるもの）の原料であってエネルギー源となるものをいいます（高度化法第 2 条第 2 項、第 5 項）。

13　経済産業省資源エネルギー庁、「総合エネルギー統計（https://www.enecho.meti.go.jp/statistics/total_energy/）」

14　経済産業省資源エネルギー庁、「総合エネルギー統計（https://www.enecho.meti.go.jp/statistics/total_energy/）」

15　高度化法第 2 条第 1 項第 3 号に規定する製造（可燃性天然ガス製品にかかるものに限ります）をいい、第三者から受託して製造することを除きます。

16　高度化法第 2 条第 1 項第 3 号に規定する製造（揮発油にかかるものに限ります）をいい、第三者から受託して製造すること及び第三者から受託して輸入することを除きます。

17　https://www.enecho.meti.go.jp/category/resources_and_fuel/koudokahou/pdf/policy.pdf

18　https://www.enecho.meti.go.jp/category/electricity_and_gas/electric/summary/regulations/pdf/energygen_kankyo.pdf

19　例えば、電気事業者についていえば、前事業年度における電気の供給量が 5 億 kWh 以上であることが要件とされています（高度化法施行令第 7 条）。

20　厳密には、一般送配電事業者、登録特定送配電事業者についても、小売供給にかかる部分は、同水準の目標が定められています。

21　後述する温対法における全国平均係数に換算すると、0.37kg-CO2/kWh に相当するとされています。

22　これは、判断基準における目標設定当時の水準であり、2023 年 6 月時点では、2030 年度に 2013 年度比 46％削減が目標として掲げられています。

23　ただし、証書の需給ひっ迫時には、例外的に、一定の FIT 証書の購入量を高度化法上の義務の履行に活用可能とされています。

24 非化石電源市場オークションの結果、売れ残った FIT 非化石証書の非化石価値は、販売電力量のシェアに応じて小売電気事業者に分配されることとされていますが、小売電気事業者にとっては、このような余剰非化石電気相当量は予見が困難であり、これを見越して高度化法の目標に向けた取り組みを行う場合、調達すべき非化石証書の予見性が低くなるという問題があります。そこで、中間評価に際しては、余剰非化石電気相当量については勘案せず、他方で、激変緩和措置として、第 1 フェーズにおいては、中間評価の基準から一定量を控除することとされていました。
25 非 FIT 非化石証書の購入費用については、電気料金に組み入れ、需要家に転嫁することにより回収を可能とする制度設計についても議論されています。制度検討作業部会の「第十次中間とりまとめ」においては、結論は出ませんでしたが、引き続き検討を行っていくこととするとされています。
26 非化石証書の有効期限（毎年 6 月末）以降の利用（繰り越し）を認めることを「証書のバンキング」といいます。
27 ただし、証書の需給ひっ迫時には、例外的に、一定の FIT 証書の購入量を高度化法義務の履行に活用可能とされています。
28 「人の活動に伴って発生する温室効果ガスの排出量と吸収作用の保全及び強化により吸収される温室効果ガスの吸収量との間の均衡が保たれた社会をいう」とされており、カーボンニュートラルと同義と考えられます。
29 環境省の運営する温室効果ガス排出量 算定・報告・公表制度のウェブサイト（https://ghg-santeikohyo.env.go.jp/about ＜以下、「SHK 制度ウェブサイト」＞）において、制度の概要が紹介されています。
30 2.3.7 にて詳述しますが、省エネ法上の定期報告を行っている事業者については、省エネ法における定期報告により、エネルギー起源 CO_2 の排出量を報告することになります。
31 省エネ法の特定事業者等に該当する事業者については、かかる要件を充足するため、温対法における特定排出者にも該当します。同法上の特定事業者等については、2.4.2.2 にて説明しています。
32 主として、省エネ法において、特定貨物輸送事業者、特定荷主、特定旅客輸送事業者又は特定航空輸送事業者に指定されている者を指します。
33 エネルギー起源 CO_2 でない CO_2（非エネルギー起源 CO_2）及びその他の温室効果ガスメタン（CH4）、一酸化二窒素（N2O）、ハイドロフルオロカーボン（HFC）のうち政令で定めるもの、パーフルオロカーボン（PFC）のうち政令で定めるもの、六ふっ化硫黄（SF6）、三ふっ化窒素（NF3）を指します。これら 6 種類の CO_2 以外の温室効果ガスに、非エネルギー起源 CO_2 を加えて、「6.5 ガス」ともいいます。
34 例えば、原油換算エネルギー使用量が 1,500kl/ 年以上である事業所、6.5 ガスのいずれかのガスの排出量が CO_2 換算で 3,000t-CO2/ 年以上である事業所等が挙げられます（温対法施行令第 6 条）。
35 省エネ法における第一種エネルギー管理指定工場等及び第二種エネルギー管理指定工場等（以下、「管理指定工場等」）は、特定事業所に該当します。省エネ法における管理指定工場等については、2.4.2.3 にて説明しています。
36 環境省に設置された温室効果ガス排出量算定・報告・公表制度における算定方法検討委員会（以下、「算定方法検討委員会」）において、算定対象活動の見直しが検討されており、今後、算定対象活動が拡大していくことが見込まれます。
37 廃棄物の原燃料使用については、廃棄物の原燃料使用がない場合に排出されていたと考えられる温室効果ガスの排出回避や廃棄物の有効利用促進という政策的観点から、基礎排出量には計上することとされている一方で、調整後排出量への計上は不要とされています。
38 SHK 制度においては、森林の整備及び保全や CCS（二酸化炭素の分離回収・貯留）及び CCU（二酸化炭素の分離回収・有効利用）技術を利用した温室効果ガスの固定化分・吸収分については、温室効果ガスの排出量の算定にあたって考慮されません。したがって、これらに起因する国内認証排出削減量を他者へ移転した量については、加算しなくともダブ

ルカウントとはならないため、除外されています。なお、森林の整備及び保全や CCS 及び CCU 技術を利用した温室効果ガスの固定化分・吸収分の今後の取り扱いについては、算定方法検討委員会において検討されています。

39 グリーンエネルギー CO2 削減相当量認証制度のもとで認証を受けたグリーン電力証書のことを指します。グリーンエネルギー CO2 削減相当量認証制度については、3.3.3 にて説明します。

40 2023 年 6 月現在において、0.000434 とされています。

41 2023 年 6 月現在において、FIT 非化石証書については 1.01、非 FIT 非化石証書については 1.03 とされています。

42 供給した電気の発電に伴う 1 kWh あたりの CO2 排出量をいいます。

43 毎年、SHK 制度ウェブサイトにて公表されます。

44 毎年、SHK 制度ウェブサイトにて公表されます。

45 非化石証書が発行されたあとの環境価値を有しない電気のことをいいます。

46 省エネ法に基づく定期報告の提出が必要な事業者については、定期報告書の提出も行うことになります。同法上の定期報告書の提出については、2.4.3 にて説明します。

47 Energy Efficiency and Global Warming Countermeasures online reporting System の略で「イーグス」と呼びます。EEGS では、温対法における報告のほかにも、後述する省エネ法における報告やフロン類の使用の合理化及び管理の適正化に関する法律（平成 13 年法律第 64 号）に基づく報告も実施することができ、制度間で重複する項目の入力を一元化することができるため、報告業務の効率化による人的・時間的コストの低減が可能となります。

48 特定排出者による報告書の作成、提出から集計結果の公表に至るまでは、現制度下においては約 2 年かかっています。2023 年 6 月現在、環境省の下に設置された温対法改正を踏まえた温室効果ガス排出量算定・報告・公表制度検討会において、公表の迅速化に向けた検討が行われています。

49 本省エネ法改正による改正後の省エネ法の施行日は、2023 年 4 月 1 日とされています。本省エネ法改正では、省エネ法の名称も変更されています。本省エネ法改正による変更前の省エネ法の正式名称は、「エネルギーの使用の合理化等に関する法律」です。なお、本書においては、2023 年 4 月 1 日施行の改正法に基づき記載しています。

50 本省エネ法改正を通じて、本書で解説する内容のほかに、デマンドレスポンスの実施回数の報告など、電気需要の最適化に関する改正もなされています。本省エネ法改正の概要は、経済産業省資源エネルギー庁ウェブサイト（省エネポータルサイト）の省エネ法の改正（令和 4 年度）改正省エネ法のポイント（https://www.enecho.meti.go.jp/category/saving_and_new/saving/enterprise/overview/amendment/index.html）を参照してください。

51 非化石エネルギーには、黒液、木材、水素、アンモニアなどの非化石燃料のほか、非化石熱、非化石電気などが該当します。非化石エネルギーの中には、その起源が化石燃料であるものも含まれていますが、そうした項目の将来的な評価については、引き続き検討を行うとされています。

52 報告義務等対象事業者に指定又は認定されたあとは、届出の必要はありません。

53 ここで、特定事業者等とは、①工場等を設置する者（連鎖化事業者、認定管理統轄事業者及び管理関係事業者を除きます）のうち、該当要件を充足し、経済産業省から特定事業者として指定を受けた者、②連鎖化事業者（いわゆるフランチャイズ方式の事業を行う等）のうち、該当要件を充足し、経済産業省から特定連鎖化事業者として指定を受けた者、③工場等を設置する者のうち、発行済株式の全部を有するなど密接な関係を有する者と一体的に工場等におけるエネルギーの合理化又は非化石エネルギーへの転換を推進する場合で、一定の条件に適合し、経済産業大臣から認定管理統轄事業者として認定を受けた者を指します。なお、認定管理統轄事業者の下で、密接な関係を有する者として、一体的に工場等におけるエネルギーの合理化又は非化石エネルギーへの転換を推進する者を「管理関係事業者」といいます。

54 ここでは、管理関係事業者も含みます。

55 特定連鎖化事業者の場合は第一種連鎖化エネルギー管理指定工場等、認定管理統轄事業者の場合は第一種管理統轄エネルギー管理指定工場等、管理関係事業者の場合は第一種管理関係エネルギー指定工場等として指定されます。

56 省エネ法上、特定事業者の場合は第一種認定事業者、特定連鎖化事業者の場合は第一種認定連鎖化事業者、認定管理統轄事業者の場合は第一種認定管理統轄事業者、管理関係事業者の場合は第一種管理関係事業者と定義されます。

57 選任が必要となるエネルギー管理者の人数は、当該工場等の業種及び年間の原油換算エネルギー使用量に応じて異なります。詳しくは、図表 2-18 を参照してください。

58 省エネ法上、特定事業者の場合は第一種指定事業者、特定連鎖化事業者の場合は第一種指定連鎖化事業者、認定管理統轄事業者の場合は第一種指定管理統轄事業者、管理関係事業者の場合は第一種指定管理関係事業者と定義されます。

59 特定連鎖化事業者の場合は第二種連鎖化エネルギー管理指定工場等、認定管理統轄事業者の場合は第二種管理統轄エネルギー管理指定工場等、管理関係事業者の場合は第二種管理関係エネルギー管理指定工場等として指定されます。

60 省エネ法上、特定事業者の場合は第二種認定事業者、特定連鎖化事業者の場合は第二種認定連鎖化事業者、認定管理統轄事業者の場合は第二種認定管理統轄事業者、管理関係事業者の場合は第二種管理関係事業者と定義されます。

61 実際のエネルギー使用量をエネルギーの使用量と密接な関係を持つ値（例えば、生産数量、売上高、建物床面積など）で除した値になります。

62 2023 年 6 月現在においては、8.64MJ/kWh。

63 発熱量 1 GJ 当たり原油 0.0258kl。

64 2023 年 6 月現在においては、13%。

65 2023 年 6 月現在においては、1.2。

66 なお、中長期的な計画において目標の策定が求められる非化石エネルギーへの転換については、他人へ供給する熱又は電気を発生させるために使用される化石燃料及び非化石燃料にかかる部分（当該他人の立場からみた場合、GHG プロトコルにおいて、いわゆる Scope 2 に該当する部分）は除外されます。

67 ただし、中長期計画書の計画期間が 5 年未満の場合は、計画期間が上限となります。

68 https://www.enecho.meti.go.jp/category/saving_and_new/saving/index.html

69 https://www.enecho.meti.go.jp/category/saving_and_new/saving/enterprise/overview/laws/data/pdf_001.pdf

3

環境価値の種類

3.1 非化石証書

3.1.1 非化石証書の概要

　非化石証書とは、非化石価値取引市場において取引される環境価値を表章する証書であり、非化石エネルギー源から発電された電気の量に応じて発行されます。

　高度化法においては、新電力を含むすべての小売電気事業者は2030年までに、その調達する電気の44％以上を、太陽光・風力・水力などの再生可能エネルギー源をはじめとする非化石エネルギー源を用いる非化石電源より発電された電気とすることが求められています。しかし、多くの新電力の電気の調達先であるJEPX市場においては、非化石電源と化石電源の区別なく取引が行われています。そのため、小売電気事業者が高度化法上の非化石電源の調達目標を達成するためには、非化石電源を保有する発電事業者から直接電気を購入する（相対取引）か、あるいは、自ら非化石電源を建設する必要があり、高度化法の非化石電源比率の目標達成が容易ではない状況でした。

　そこで、小売電気事業者の非化石電源調達目標の達成を後押しするとともに、需要家にとっての選択肢を拡大しつつ、FIT制度による国民負担の軽減に資することを目的として、2018年5月、非化石価値取引市場が創設されました。

　非化石価値取引市場においては、発電事業者は、非化石電源の発電量（ただし、自家消費や自己託送などに供される発電量は含まれません）に応じた非化石証書を販売することが可能になりました。そして、小売電気事業者は、非化石証書を購入することにより、購入した非化石証書の量に応じた電気について、高度化法上の非化石電源調達量に計上することができることになりました。また、小売電気事業者は、非化石証書の量に応じた電気についてのみ、ゼロエミ価値や環境表示価値を有する電気として取り扱

うことができる制度となりました。

　なお、再エネ価値取引市場（3.1.3.1.3）の創設に伴い、FIT電源（再生可能エネルギー特措法に基づくFIT認定を受けた非化石電源を指します。以下、同じ）から発電された電気に由来するFIT非化石証書（3.1.2）については、小売電気事業者が高度化法上の非化石電源調達量に計上することができなくなった点には留意が必要です。また、従前、非化石価値取引市場で非化石証書を調達できる主体は小売電気事業者に限られていましたが、再エネ価値取引市場の創設により、一定の要件を充足する需要家自身が、FIT非化石証書を取得することができるようになりました。

3.1.2　非化石証書の種類

　一口に非化石証書といっても、その中にはいくつもの種類があります。

　すなわち、まず、①FIT電源から発電された電気に由来する非化石証書か、あるいは、非FIT電源から発電された電気に由来する非化石証書かによって、FIT非化石証書か非FIT非化石証書に分けられます。また、②非FIT非化石証書については、再エネに由来する電源か、あるいは、それ以外の電源かによって、非FIT再エネ指定非化石証書か非FIT再エネ指定なし非化石証書に区別されます。さらに、非FIT再エネ指定非化石証書については、その由来となった発電所を明らかにするトラッキング機能が付されているか否かという分類も存在します。

　需要家がトラッキング機能の付いた非化石証書を活用した電気を小売電気事業者から調達した場合、その電気は再エネ由来として扱われ、RE100など（5.2.1）の取り組みにも活用できます。また、トラッキングの付いていない非FIT再エネ指定非化石証書であっても、小売電気事業者が、発電事業者との間の相対契約に基づき再エネ電源に由来する電気と、かかる電気に由来する非FIT再エネ指定非化石証書をセットで調達して供給する場合、かかる電気は再エネ由来として扱われ、RE100の取り組みに活用する

図表 3-1　複数の種類が存在する非化石証書

	CDP SBT での報告	RE100 での報告	GX-ETS での活用	温対法 省エネ法 での報告	高度化法 での利用[72]	環境表示 価値の 有無[73]
FIT非化石証書	○	○	○	○	×	○
非FIT再エネ指定 非化石証書	○	○	○	○	○	○
トラッキング付き 非FIT再エネ指定 非化石証書	○	○	○	○	○	○
非FIT再エネ 指定なし 非化石証書	×	×	○	○	○	○

出所：経済産業省、「国際的な気候変動イニシアティブへの対応に関するガイダンス」26頁を参考に筆者作成

ことが可能との見解が示されています。[71]

　このように、非化石証書には複数の種類が存在するため、調達する目的を実現することのできる非化石証書を適切に選択することが重要になります。

3.1.3　非化石証書の取引方法

3.1.3.1　市場取引（非化石価値取引市場における取引）

3.1.3.1.1　概要

　非化石価値取引市場は、電気に内在する価値である非化石価値を非化石証書として顕在化し、電気それ自体とは分離して、その取引を可能とするために創設された市場です。

　当初は、小売電気事業者による高度化法上の非化石電源比率目標の達成を支援するための市場と位置づけられていましたが、その後、以下のとおり、多様な事業者のニーズに応えるために、取引の対象及びその範囲など

64

図表 3-2　非化石価値取引市場制度の変遷

2018年5月	FIT非化石証書の取引市場として、非化石価値取引市場を創設	小売電気事業者に課せられた高度化法上の非化石電源比率目標の達成を支援するべく、FIT非化石証書を取引する市場（非化石価値取引市場）が創設。
2020年11月	非FIT非化石証書の取引開始	2020年4月より非FITの非化石電源由来の電気に付随する環境価値についても顕在化した取引を可能とすべく、非FIT非化石証書の相対取引が開始されていましたが、非化石価値取引市場においても、その取引が開始。
2021年8月	高度化法義務達成市場の取引開始	非化石価値取引市場の大幅な見直しが行われ、高度化法の目標達成のための「高度化法義務達成市場」と、需要家が参加可能な「再エネ価値取引市場」に区別。
2021年11月	再エネ価値取引市場の取引開始	

出所：筆者作成

が拡大されています。

　非化石価値取引市場には、現在、高度化法義務達成市場と再エネ価値取引市場の2種類の取引市場が存在しています。

　高度化法義務達成市場は、非FIT非化石証書が取引される市場です。売り手は主として発電事業者であり、また、小売電気事業者が高度化法上の非化石電源比率目標の達成を果たすための市場であるため、買い手は小売電気事業者のみが取引に参加することができます。

　再エネ価値取引市場は、FIT非化石証書が取引される市場です。再エネ価値取引市場においては、売り手はFIT制度における交付金の交付業務を担う電力広域的運営推進機関（広域機関）のみとなりますが、買い手は小売電気事業者のみならず、需要家やその仲介事業者も取引が可能とされています。

　非化石価値取引市場における取引のフローは、大要、図表3-3のとおりとなります（当該図表の太字の箇所は、再エネ価値取引市場特有の業務フローです）。

図表 3-3　非化石価値取引市場における取引のフロー

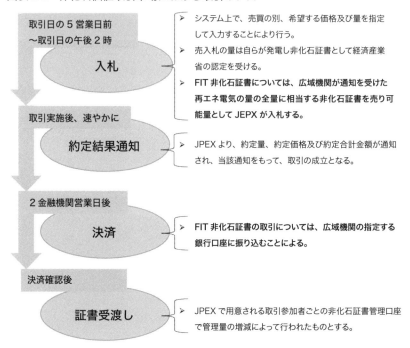

出所：筆者作成

　いずれの市場においても、ダブルカウントを回避する観点から、環境価値は非化石証書としてすべて証書化され、JEPX の非化石価値取引システム上の非化石証書管理口座（以下、「非化石証書管理口座」）において、その取引の履歴を管理することとされています。非FIT 非化石証書については、非FIT 電源から発電された電力量について所定の当事者において電力量認定申請を行い、国の認定を受けた非FIT 非化石証書について、売り手の非化石証書管理口座に入力され、約定された非FIT 非化石証書の量に応じて買い手の非化石証書管理口座に移転されることで取引がなされます。FIT 非化石証書については、FIT 電気の買取事業者による買取実績の報告に基づき取引対象となる非化石証書の量が広域機関の口座に入力され、約

定されたFIT非化石証書の量に応じて、買い手の非化石証書管理口座に移転されます。

　なお、取引の実施スケジュールと口座移動終了日は、商品ごとにJEPXが定め取引参加者に通知されます。

　非化石価値取引市場において取引される非化石証書の量は、市場創設当初に比して大幅に増加しています。2022年度の再エネ価値取引市場におけるFIT非化石証書の約定量は約163億2,000万kWh、同年度の高度化法義務達成市場における非FIT再エネ指定非化石証書の約定量は約47億4,000万kWh、同じく非FIT再エネ指定なし非化石証書の約定量は約35億kWhとなっており、おおむね図表3-4のとおりの推移をたどっています[75]。

図表3-4　非化石価値取引市場約定量推移

※非FIT非化石証書は、2020年度の第2回オークション（11月）より取引開始。
出所：JEPX ウェブサイト掲載の取引市場データを参考に筆者作成

3.1.3.1.2　高度化法義務達成市場

　高度化法義務達成市場は、小売電気事業者が高度化法上の非化石電源比率目標の達成を果たすための市場であり、主として発電事業者が売り手、小売電気事業者が買い手として取引に参加することが認められています。また、特定卸供給事業者（アグリゲーター）についても、非FIT電源にかかる非化石価値を有する電力を他者へ提供するという意味で発電事業者と同様の役割を担っていることに鑑み、発電事業者に準ずる者として取り扱われ、非FIT非化石証書の売り手として同市場での取引に参加することが認められています。

　高度化法義務達成市場における取引の対象は、非FIT非化石証書のみとされています（非化石価値取引規程第10条第1項第2号及び第3号）。

　高度化法義務達成市場では、非FIT非化石証書の売却収入による再生可能エネルギー電源への投資を促進する観点から、時限的に最低価格が0.6円/kWhに設定されています。最低価格の導入が時限的なものとされているのは、非FIT非化石証書について、FIT非化石証書のように需要家が広く再エネ賦課金として費用負担していることから低価格での取得を認めるべきでないといった事情がなく、基本的には市場の需給バランスに応じて価格決定がされるべきとの考えによるものと思料されます。このような観点から価格の決定方式もシングルプライスオークション[76]とされています。

　また、高度化法義務達成市場における取引対象が非FIT非化石証書に限定されたことにより、小売電気事業者は、高度化法の目標達成に従来利用してきたFIT非化石証書を同目標達成のために利用することができなくなりました。このことから、2021年8月の高度化法義務達成市場の取引開始に伴い、小売電気事業者の高度化法の目標達成のための事業環境の変化による影響を最小限にするために以下の措置が講じられています。

①　非FIT非化石証書の供給源の大半が大規模な電源であり、その供給量の減少が価格の大きな上昇をもたらす可能性があることに配慮し、最高価格を1.3円/kWhとして取引価格に上限が設けられています。

② 非FIT非化石証書の売り手となる発電事業者の数が限定的であり、売り手の入札行動が価格形成に強い影響を及ぼすことが懸念されることに鑑み、その取引行動が電力・ガス取引等監視委員会による監視対象とされています。

③ 2021年度中間目標値の再検討が行われ、外部調達比率が11%から5%に引き下げられ、また2022年度の中間目標における同比率も7.5%とされ、高度化法義務達成市場の取引開始前に比して低水準が維持されています（ただし、高度化法の目標自体の見直しは行われていません）。

3.1.3.1.3　再エネ価値取引市場

再エネ価値取引市場は、小売電気事業者のみならず、需要家が広く再生可能エネルギー価値にアクセスできるように設計された市場です。非化石証書の使用を希望する需要家が買い手として直接的に取引に参加することが認められており、それに加えて、需要家の委託を受けて非化石証書を購入し当該需要家に販売する仲介事業者も取引に参加することができます（非化石価値取引会員規程第2条第4号）。

再エネ価値取引市場に参加するためには、日本国内の法人であることのほか（非化石価値取引会員規程第2条柱書）、入会金及び事業年度ごとに定められる年会費を納めることが求められています（同規程第5条第1項、第6条）。

また、仲介事業者は、あくまで需要家の利便性向上のために参加が認められていることに鑑み、需要家保護の観点から、参加にあたっては事業計画書の提出を行い、また同計画書において取引規程の遵守体制や委託元の需要家への適切な説明・情報共有体制の整備状況につき記載する必要があります（これらが整っていない場合には、参加を承認しないこととされています。非化石価値取引会員規程第4条第4項第4号、非化石価値取引規程第8条第1項第3号ないし第5号及び第2項）。

再エネ価値取引市場における取引の対象は、FIT非化石証書のみとされ
ています（非化石価値取引規程第14条第3項、同規程第10条第1項第1号、
非化石価値取引会員規程第2条第4号）。なお、2021年度の取引からは、
個別の発電事業者の同意がなくとも、取引されるFIT非化石証書の全量が
トラッキングの対象となり、調達したFIT非化石証書について、当該環境
価値を生み出した電源の属性情報（発電設備名、設置者名、電源種別、発
電設備の出力など）を証することが可能となっています。

　再エネ価値取引市場の取引対象がFIT非化石証書とされたのは、全需要

図表 3-5　高度化法義務達成市場と再エネ価値取引市場の比較

	高度化法義務達成市場	再エネ価値取引市場
市場開催時期	各年4回 （当年8月、当年11月、翌年2月、翌年5月）	各年4回 （当年8月、当年11月、翌年2月、翌年5月）
売り手	発電事業者 特定卸供給事業者 （アグリゲーター）	電力広域的運営推進機関
買い手	小売電気事業者	需要家 仲介事業者 小売電気事業者
取引証書	非FIT非化石証書	FIT非化石証書
価格決定方式	シングルプライスオークション	マルチプライスオークション
価格水準	最高価格：1.3円/kWh 最低価格：0.6円/kWh	最高価格：設定なし 最低価格：0.3円/kWh（2023年度初回オークションより0.4円/kWh）
証書売却収入の使途	非化石電源のkW/kWhの維持及び拡大	再エネ賦課金の国民負担の低減

出所：筆者作成

家による再エネ賦課金の負担の下に成り立つFIT電源由来の再生可能エネルギー価値について、その負担者である需要家が広くかつ容易にアクセス可能とするためです。そのため、最低価格についても、高度化法義務達成市場における最低価格の半額である0.3円/kWhと安価に設定されています（なお、2023年度の初回オークションからは、0.4円/kWhに引き上げられています）[79]。2023年6月現在、FIT非化石証書は買入札総量（kWh）を売入札総量（kWh）が大幅に上回っている供給過多の状態が続いており、こうした状態が続く限り、再エネ価値取引市場における約定価格は最低価格近辺に張り付くものと予想されます。

　また、再エネ価値取引市場におけるFIT非化石証書の売却収入は、再エネ賦課金の軽減に活用されることとされています。そのため、価格の決定方法については、売却総収入が相対的に大きくなるマルチプライスオークション[80]が採用されています。同様の趣旨から、最高価格は設定されていません。

3.1.3.2　相対取引

3.1.3.2.1　小売電気事業者との相対取引

　非FIT非化石証書については、市場取引だけではなく、相対取引も認められています。非FIT非化石証書の相対取引を行う場合には、非化石価値取引市場における入札は必要ありませんが、ダブルカウントを回避する観点から、市場取引の場合と同様に、環境価値はすべて証書化され、非化石証書管理口座において、その取引の履歴を管理することとされています。そのため、非FIT非化石証書を相対で取引する場合にも、非FIT電源から発電された電力量について所定の当事者において、電力量認定申請を行い、国の認定を受けた非FIT非化石証書について、非化石証書管理口座における管理のもとで取引を行うことになります。相対取引においては、取引当事者において非化石価値売買申請書をJEPXに提出することが求められ、その結果、非化石証書管理口座の証書残高に取引結果が反映されることに

なります。[81]

　こうした手続きを通じて、例えば、電気事業法上の発電事業者やFIP認定事業者においては、非FIT非化石証書を、電気の供給先である小売電気事業者に相対で販売することも、電気の供給先でない小売電気事業者に相対で販売することも可能とされています。[82] また、特定卸供給事業者（アグリゲーター）についても、発電事業者に準ずる者として取り扱われているため、電気の供給先である小売電気事業者に対しても、電気の供給先でない小売電気事業者に対しても非FIT非化石証書を相対で販売することができます（ただし、特定卸供給事業の事業の内容に鑑み、環境価値の調達は電気とセットで行うことが想定されています）。これに対し、小売電気事業者においては、基本的に税務上の観点から他の小売電気事業者に対して非FIT非化石証書を転売することはできないものとされています。

3.1.3.2.2　需要家との直接相対取引

　従前、非化石証書は、高度化法の非化石電源比率の達成目標を後押しする目的で制度化されたことから、需要家との間の相対取引は認められていませんでした。しかし、需要家の環境価値取引への参加を可能とすることで、今後の再生可能エネルギーの導入拡大を後押しすることが可能です。そこで、高度化法における小売電気事業者の目標値からは需要家の直接取引量分を控除することを前提に、非FIT再エネ電源にかかるコーポレートPPAの取り組みに限り、一定の要件を満たす場合には、発電者と需要家との間の非FIT非化石証書の直接取引が認められることになりました。[83]

　もっとも、すべての電源について、需要家との非化石証書の直接取引が認められているわけではありません。すなわち、上記のとおり、需要家と証書の直接取引ができるのは、非FIT電源由来の非化石証書に限られますし、非FIT電源であっても、2022年度以降に営業運転開始となる電源のみが対象とされています。ただし、非FIT電源のうち、既設の卒FIT電源については、2022年度より前に営業運転開始された電源であっても、需

要家と非化石証書直接取引ができる対象電源として認められています。また、FIP電源については、当初は「今後の需要家ニーズを踏まえたうえで、必要に応じて検討すること」とされていたものの、その後の議論により、非FIT電源や卒FIT電源と同様に、新設FIP電源又は2022年度以降に営業運転開始となったFIT電源がFIP電源に移行した場合については、需要家と非化石証書の直接取引ができる対象電源として認められています。

　なお、特定卸供給事業者（アグリゲーター）は発電事業者に準ずる者として取り扱われているため、特定卸供給事業者においても、かかる需要家との非FIT非化石証書の直接取引を行うことが認められています。

3.1.4　非化石証書の今後

　トラッキング機能の付いた非化石証書はRE100などの取り組みにも活用することができるため、その需要が高まっています。そのなかでFIT非化石証書については、全FIT電源がトラッキングの対象とされており、また、2021年8月からは、非FIT再エネ電源についてもトラッキングの対象とされ、その対象は拡大しています。

　従前、FIT電源及び非FIT再エネ電源のトラッキングは国の実証事業として実施されていたものの、今後のさらなるトラッキングの利便性の改善に向け、国による実証事業ではなく他機関での独立採算事業として移管を行うこととされ、トラッキング事業は2022年度の初回オークションからJEPXに移管されています（実際のトラッキング業務については、JEPXから委託を受けた事業者が実施しています）。また、トラッキングの有償化や非化石証書の電源証明化などが今後の検討事項として提示され[84]、将来的には、すべての非化石証書についてもトラッキングがなされることが見込まれています。

FIT制度とFIP制度について

(1) FIT制度

　FIT（Feed in Tariff）制度は、再生可能エネルギー電気の利用の促進に関する特別措置法[85]（平成28年6月3日法律第59号。以下、「再エネ特措法」）により2012年に導入された、再エネ電気の固定価格買取制度です。発電事業に要する費用の大半である発電所の建設コストを安定的に投資回収できるよう、固定の価格で長期にわたって再エネ電気の買取を保証することで、積極的な再エネ発電への投資を促すことなどがその狙いとされています。

　FIT制度は、一定の再生可能エネルギー源（太陽光、風力、中小水力、地熱、バイオマス）で発電された電気を、電力会社が一定価格で一定期間買い取ることを法律上保証する制度といえます。すなわち、FIT制度の下では、「電気事業者」[86]に「特定契約」[87]（FIT制度におけるPPA）の締結義務が課されており、再エネ特措法上の要件（経済産業大臣の認定の取得等）を満たす発電事業者は、電気事業者との間で、経済産業大臣が定める固定の買取価格（再エネ特措法上の「調達価格」）及び固定の買取期間（再エネ特措法上の「調達期間」）を内容とする特定契約を締結することができます。

　FIT制度における電気事業者による再エネ電気の買取費用は、広く全国の需要家から徴収される再エネ賦課金により賄われています。具体的には、小売電気事業者等[88]が需要家から電気料金の一部として再エネ賦課金を徴収したうえで、費用負担調整機関（現行制度上は広域機関）において、小売電気事業者等から再エネ賦課金を原資とする納付金を徴収し、各電気事業者に対してその買取実績に応じた交付金を交付する仕組みとなっています。

　FIT制度の下で発電された再エネ電気の持つ環境価値については、上記のとおり電気の買取費用が需要家から徴収される再エネ賦課金により賄われていることから、発電事業者ではなく、再エネ賦課金を負担する全需要家に帰属するものと整理されています。かかる環境価値は、費用負担調整機関においてFIT非化石証書として証書化され、非化石価値取引市場（再エネ価値取引市場）で売却されており、その売却代金は、再エネ賦課金の負担軽減（FIT制度による国民負担の軽減）に充てられています。

(2) FIP制度

　FIP（Feed in Premium）制度は、2022年4月1日施行の再エネ特措法の改正により新たに導入された制度で、再エネの主力電源化を目標に、その電力市場への統合を図ることで、再エネの最大限の導入と国民負担を両立させることなどが狙いとされています。

　FIP制度の下では、再エネ特措法上の要件（経済産業大臣の認定の取得など）を満たす発電事業者は、再エネ電気の「市場取引等」[89]を行う場合に、供給促進交付金（おおむね固定の基準価格と、前年度の卸電力取引市場価格の平均に月間調整を加えて算出される市場参照価格との差額を単価とする。いわゆる「FIPプレミアム」）の交付を受けることができますが、FIT制度と異なり、売電の権利が法的に保証されているわけではなく、発電事業者が自ら売電先と売電方法を確保する必要があります。

　FIT制度と異なり、FIP制度の下で発電された再エネ電気の持つ環境価値は、発電事業者自身に帰属するものと整理されており、非FIT再エネ指定非化石証書として発電事業者が自ら販売することができる仕組みとされています。他方で、発電事業者に交付されるFIPプレミアムの

単価の算定においては、非FIT再エネ指定非化石証書の直近1年間（オークション4回開催分）の市場価格の平均値（約定量による加重平均）が控除されることとなっています。

　FIP制度は、このような制度設計とされているため、電気と環境価値の取引方法にさまざまな工夫の余地があり、例えば、上記の「市場取引等」に該当する限りは、コーポレートPPA（4）と併用することもできます。

3.2　J-クレジット

3.2.1　J-クレジットの概要

　J-クレジットとは、経済産業省、環境省及び農林水産省が運営する、省エネ・再エネ設備の導入や森林管理などによる温室効果ガスの排出削減・吸収量をクレジットとして認証する制度です。J-クレジットは、2013年度に国内クレジット制度[90]とJ-VER制度[91]を発展的に統合する形で創設されました。[92]

　非化石証書（3.1）やグリーン電力証書（3.3）が非化石エネルギー源から発電された電気の量に応じて発生するのに対し、J-クレジットは、温室効果ガスの削減・吸収活動により削減・吸収された温室効果ガスの量に応じて発生する点に特徴があります。

　J-クレジットは、クレジット創出者（プロジェクトの実施によりクレジットの認証を受ける者）から、相対取引、入札販売又はカーボン・クレジット市場を通じて取得することができます（3.2.3）。

　クレジット創出者及びクレジット活用者（クレジット創出者からJ-クレジットを購入した者）の主なメリットは、図表3-6・3-7のとおりです。

図表 3-6　クレジット創出者のメリット

	メリット	概要
①	省エネルギー対策の実施によるランニングコストの低減効果	温室効果ガスの削減・吸収活動の実施により、自らの活動により生じる温室効果ガスの量を削減することができる。
②	クレジット売却益の獲得	認証を受けたクレジットを他社へ販売することにより、クレジットの売却益を得ることができる。
③	地球温暖化対策への積極的な取り組みに対するPR効果	J-クレジット制度のプロジェクトを実施することにより、環境問題に積極的に取り組む企業であることを対外的にPRすることができる。 なお、創出されたJ-クレジットを他者に売却・譲渡した場合、クレジット創出者は、CO2削減価値を言及できなくなる点には留意が必要。

出所：J-クレジット制度ホームページを参考に筆者作成

図表 3-7　クレジット活用者のメリット

	メリット	概要
①	温対法上の報告での活用	J-クレジットの取得により、温対法上の調整後排出量や、調整後排出係数の報告に利用ができる（2.3.6）。
②	省エネ法上の活用	省エネ法の共同省エネルギー事業（2.4.3）の報告に利用ができる。また、事業者自身の定期報告・中長期計画において、非化石エネルギーへの転換の取り組みに関する報告や計画に利用ができる（2.4.3・2.4.4）。 なお、それぞれの用途に使用することのできるJ-クレジットは一部のJ-クレジットに限定されるため、目的に沿ったJ-クレジットを取得することが重要（3.2.2）。
③	RE100・CDP・SBTでの活用	J-クレジットの取得により、RE100の達成やCDP質問書・SBTへの報告のための再生可能エネルギーの調達量として報告することができる。 なお、それぞれの用途に使用することのできるJ-クレジットは一部のJ-クレジットに限定されるため、目的に沿ったJ-クレジットを取得することが重要（3.2.2）。
④	GX-ETSでの活用	GX-ETSにおいて、適格カーボン・クレジットとしてJ-クレジットの利用ができる（5.2.1.6）。

出所：J-クレジット制度ホームページを参考に筆者作成

3.2.2　J-クレジットの創出方法

　J-クレジット創出者がJ-クレジットを創出するまでの流れは、①プロジェクトの登録、②プロジェクトの実施、③モニタリング、及び④J-クレジットの認証・発行という大きく4つのフェーズに分けることができます。

①　プロジェクトの登録

　J-クレジットを創出するためには、まず、温室効果ガスの排出削減（吸収）をどのように実施するかということを記載したプロジェクト計画書を作成する必要があります。プロジェクト計画書は、審査機関による事前確認、有識者委員会による承認を経て、国がプロジェクトを登録します。

　プロジェクトが登録されるためには、J-クレジット制度で承認された方法論に基づく必要があります。そのため、計画している削減・吸収方法に[93][94][95]

図表 3-8　種類ごとの J-クレジット活用の可否

	CDP での 報告 (※1)	SBT での 報告 (※1)	RE100 での 報告	GX- ETS での 活用	温対法 での 報告	共同 省エネ ルギー 事業	省エネ 法での 報告
再生可能エネルギー（電力）由来クレジット	○	○	○ (※2)	○	○	×	○
省エネルギー由来クレジット	× (例外あり)	×	×	○	○	○	○ (※3)
森林吸収由来クレジット	× (例外あり)	×	×	○	○	×	×

※1 Scope 2排出量の報告に限る。　※2 自家発電した電力には使用不可。　※3 一定の方法論に基づくものに限る。
出所：筆者作成

応じて方法論を確認のうえ、適切な計画書を作成する必要があります。

　なお、J-クレジットは、温室効果ガスの削減・吸収方法によって、再生可能エネルギー発電由来のJ-クレジット、再生可能エネルギー熱由来のJ-クレジット、森林管理プロジェクト由来のJ-クレジットなどに分類されます。そのため、J-クレジットを利用する目的に沿ったJ-クレジットを創出することが重要になります。

②プロジェクトの実施

　プロジェクト計画書に基づき、温室効果ガスの削減・吸収活動を実施します。

③モニタリング

　プロジェクト計画に基づき、実際の温室効果ガスの削減・吸収量のモニタリング（削減量等の計測）を行います。モニタリングは、プロジェクトごとに平均1～2年のサイクルで実施し、報告書を提出する必要があります。

④J-クレジットの認証

　プロジェクト結果報告書に記載された排出削減・吸収量の認証に関する審議を踏まえ、その削減・吸収量が適切と認められる場合、J-クレジット制度認証委員会は、その削減・吸収量について認証を行うとともに、同認証にかかる識別番号を通知することになります。

3.2.3　J-クレジットの取引方法

　J-クレジットは、相対取引、入札販売又はカーボン・クレジット市場を通じて取引することができますが、相対取引については、J-クレジット制度のウェブサイト[96]において、売り出し中のクレジットの情報（プロジェク

ト実施者、プロジェクト概要、J-クレジットの種別、希望売却価格など）が掲載されており、かかる情報を基にクレジット保有者との間で取引を行うことが可能です。また、クレジット保有者とクレジット購入者の相対取引だけではなく、活用ニーズに合致するクレジットの調達をJ-クレジット・プロバイダーなどの仲介事業者へ依頼し、当該仲介事業者との間で相対取引を行うことも想定されており、J-クレジット制度のウェブサイトにおいても、仲介事業者の紹介がなされています。

入札販売は、J-クレジット制度事務局が実施する政府保有クレジットなどの入札販売に参加してクレジットを購入する方法ですが、入札時期は、年1回から2回程度に限定されます。

また、今後は、東京証券取引所においてカーボン・クレジット市場が本格稼働し、市場における取引が可能となることが見込まれます。市場取引については、2022年9月22日から2023年1月31日までの間で、東京証券取引所においてカーボン・クレジット市場の実証事業が実施されました。183者の企業・地方公共団体などが実証参加者として参加し、実証期間中の売買高は合計で、約15万 $t-CO_2$、売買代金は約3億円に上りました。特筆すべき点としては、森林由来のクレジットの加重平均価格が省エネルギー由来のクレジットと比較すると10倍、再生可能エネルギー由来のクレジットと比較すると5倍程度高額となっています。これは、森林由来のクレジットがJ-クレジット全体の売買高の1%にも満たないという希少性、「森林由来」というイメージの良さが要因になっていると考えられます。今後は、さらなる流動性の向上や市場の厚みをもたらすための方策など、実証事業の結果を受けてカーボン・クレジット市場の制度設計・本格稼働に向けた議論が実施されることが予定されています。

3.3　グリーン電力証書

3.3.1　グリーン電力証書の概要

　グリーン電力証書制度は、風力・太陽光・バイオマスなどの再生可能エネルギーによって発電された電力の電気以外の価値（省エネルギー〈化石燃料削減〉・CO_2排出削減などの価値）を、グリーン電力証書という形で具体化し取引を可能とすることで、再生可能エネルギーの普及拡大に貢献する仕組みとして、2001年度から民間事業者などの自主的な取り組みとして開始されました。

　グリーン電力証書は、グリーン電力発電設備としての認定を受けた

図表 3-9　グリーン電力証書を取得することの主なメリット

	メリット	概要
①	環境コミュニケーション活動への利用	グリーン電力証書の購入により、グリーン電力の利用を証するマークを取得することができるところ、かかるマークの使用により、企業広告やPRなどに利用することができる。
②	再生可能エネルギーの普及促進	グリーン電力証書の購入資金を、グリーン電力証書発行事業者が発電設備の維持・拡大などに利用することで、再生可能エネルギーの普及促進につながる。
③	温対法上の報告での活用	認証済みグリーン電力証書について、温対法上の調整後排出量や、調整後排出係数の報告に利用ができる。
④	省エネ法上の活用	認証済みグリーン電力証書について、事業者自身の定期報告・中長期計画において、非化石エネルギーへの転換の取り組みに関する報告や計画に利用ができる。
⑤	CDP・SBT・RE100での活用	グリーン電力証書の取得により、CDP質問書・SBTへの報告や、RE100の達成のための再生可能エネルギーの調達量として報告することができる。
⑥	GX-ETS	認証済みグリーン電力証書について、GX-ETSにおいて、間接排出量の算定にあたり、利用ができる。

出所：筆者作成

発電設備から発電された電気の量に応じて発生するものとされており（3.3.2）、この点は、非化石エネルギー源から発電された電気の量に応じて発生する非化石証書（3.1.1）と同様です。ただし、グリーン電力証書は、発電者自身ではなく、登録を受けたグリーン電力証書発行事業者が取引主体となる点が非化石証書とは異なる点です（3.4）。

また、グリーン電力証書を取得するためには、グリーン電力証書発行事業者からグリーン電力証書を購入する必要があります。

グリーン電力証書を取得することの主なメリットは、図表3-9のとおりです。

3.3.2　グリーン電力証書の獲得方法（設備認定の条件など）

グリーン電力証書発行事業者がグリーン電力を発行するまでの具体的な流れは、以下のとおりです。

① グリーン電力発電設備の認定[103]

グリーン電力証書発行事業者は、再生可能エネルギーにより発電を行う発電設備について、認証機関（日本品質保証機構）から、グリーン電力発電設備としての認定を受ける必要があります。[104]

認定を受けるためには、グリーン電力の環境価値が発電者に帰属していないことなどの要件があるため、グリーン電力証書発行事業者が発電者との間で締結する発電委託契約においては、認定要件を充足できるような内容とする必要があります。

② グリーン電力量の申請・認証[105]

グリーン電力証書は、グリーン電力発電設備から発電された電力（以下、「グリーン電力」）として認証された電力量（以下、「グリーン電力量」）に応じて発行が可能となります。そして、グリーン電力量は、グリーン電力発

電設備の認定と同様、認証機関の認証により、その量が決定されます。

　グリーン電力量の認証の対象となるのは、グリーン電力発電設備としての認定を受けた翌日以降に発電された電力量です。また、認証の対象期間は最長で1年であるため、グリーン電力発行事業者は、1年以下の任意の期間の電力量について、認証を受けることになります。

　認証機関は、グリーン電力証書発行事業者からグリーン電力量として申請を受けたのち、申請内容の妥当性を審査のうえ、グリーン電力量を認証します。認証に際しては、認証日・認証量・シリアル番号などが認証機関からグリーン電力証書発行事業者へ通知されることになります。

③ グリーン電力証書の発行

　グリーン電力証書発行事業者は、認証されたグリーン電力量に応じてグリーン電力証書を発行することが可能になります。

3.3.3　グリーンエネルギーCO₂削減相当量認証制度

　グリーン電力証書制度は、3.3.1のとおり、民間事業者などの自主的な取り組みにすぎません。そのため、グリーン電力証書を保有するだけでは、温対法上の報告などにおいて活用することはできません。

　グリーン電力証書を、温対法に基づくSHK制度、省エネ法に基づく定期報告、GX-ETSにおける間接排出量の算定に活用するためには、グリーンエネルギー CO₂削減相当量認証制度に基づき、認証を受ける必要があります。この制度は、グリーン電力証書として取引可能となった化石燃料削減やCO₂排出削減などの環境付加価値を、国が認証することにより、民間の制度であるグリーン電力証書を、国の制度である温対法に基づく温室効果ガス排出量算定などに利用することができるようにするものです。

3.3.4　グリーン電力証書の取引方法

　グリーン電力証書は、相対での取引が想定されています。小売電気事業者及び需要家のいずれの立場でも購入が可能であり、この点は原則として、小売電気事業者による購入が想定されていた非化石証書とは異なる点です。

　相対取引については、日本品質保証機構のウェブサイトにおいて、証書の発行事業者一覧が掲載されており、かかる情報を基に、証書発行事業者との間で取引を行うことが可能です[106]。また、同ウェブサイトにおいては、グリーン電力証書の保有状況についても公表されています[107]。

3.4　各証書等の類似点・相違点

　環境価値の種類である、非化石証書、J-クレジット及びグリーン電力証

図表 3-10　各証書やクレジットの特徴・相違点

	非化石証書	J-クレジット	グリーン電力証書
環境価値の源泉	非化石燃料により発電された電気	CO_2排出量の削減量	再生可能エネルギーにより発電された電気
購入対象者	・小売電気事業者 ・需要家(※1)	企業、自治体など	企業、自治体など
購入方法	・非化石価値取引市場における入札により購入 ・発電者との相対取引により購入	・J-クレジット制度事務局が実施する入札により購入(※2) ・J-クレジット保有者か仲介事業者から購入	グリーン電力証書発行事業者から購入
転売の可否	×	○	×

※1　再エネ価値取引市場における取引又は一部の非FIT非化石証書に限る。
※2　今後は東京証券取引所におけるカーボンクレジット市場の取引に移行予定。
出所：自然エネルギー財団、「企業・自治体向け電力調達ガイドブック 第5版（2022年版）」36頁を参考に筆者作成

書の概要は3.1ないし3.3のとおりですが、一口に環境価値とはいっても、その有する内容や価値は異なります。

　まず、非化石証書やグリーン電力証書は、非化石燃料又は再生可能エネルギーにより発電された電力量を「kWh」単位で認証し、発電された電気の属性（発電日時、発電所、発電方式など）を保証するものです。これに対し、J-クレジットは、カーボン・クレジットの一種であり、温室効果ガス排出削減量又は吸収量を「t-CO2」単位で認証し、その購入者も「t-CO2」単位でカーボン・オフセットなどに訴求するものです。そのため、その意味では、両者は異なるものではありますが、再生可能エネルギー由来のJ-クレジットについては、「t-CO2」表示に加えて、「kWh」表示も可能であり、それによりRE100などにおける利用が可能となることから、再生可能エネルギー由来のJ-クレジットに限っては、非化石証書やグリーン電力証書などと同様の証書としての性質を有するといえます。

　それぞれの証書やクレジットの特徴や相違点を整理すると図表3-10のようにまとめることができます。

COLUMN

炭素の価格付け＝カーボンプライシングとは

　カーボンプライシングとは、気候変動問題の主要因となっている炭素に対して価格を付け、排出者の行動を変容させる政策手法です。炭素税やカーボン・クレジット取引／排出量取引が典型的なカーボンプライシングといえますが、非化石証書、エネルギー税、省エネ法上の取り組みや企業の自主的な取り組みも含む、広義の概念として使用されることもあります。ここでは、「カーボンプライシング＝炭素税又はカーボン・クレジット取引／排出量取引」として、狭義の意味で捉え、両者について概説することとします。

（1）炭素税

　炭素税とは、環境破壊や資源の枯渇に対処する取り組みを促す「環境税」の一種で、CO_2 の排出量に対して、その量に比例した課税を行うことで、炭素に価格を付ける仕組みになります。（2）で記載するカーボン・クレジット取引におけるカーボン・クレジットを補完する形で利用することを許容する国もあります。

　日本では、地球温暖化対策のための税（温対税）が石油石炭税に上乗せされる形で、2012年から段階的に施行されています。現時点における温対税の水準は、289円/t-CO_2 であり、欧州各国の水準と比較すると、かなり低い水準となっています。

　なお、2028年からは、化石燃料の輸入事業者を対象に「炭素に対する賦課金」の導入が予定されています。炭素税そのものではないものの、炭素税に類似した制度になるのではないかと目されています（【コラム】「GX推進法について」）。

（2）カーボン・クレジット取引／排出量取引

　カーボン・クレジット取引とは、主に温室効果ガスの排出削減量又は吸収量を証憑する「クレジット」を対象とする取引であり、一般に「ベースライン＆クレジット制度」と呼ばれます。他方、排出量取引とは、温室効果ガスの排出が許容される枠を証憑する「アローワンス」を対象とする取引であり、一般に「キャップ＆トレード制度」と呼ばれます。

① ベースライン＆クレジット制度

　ベースライン＆クレジット制度とは、ボイラーの更新や太陽光発電設備の導入、森林管理などのプロジェクトを対象に、そのプロジェク

トが実施されなかった場合の温室効果ガスの排出量等の見通し（ベース
ライン排出量など）と実際の排出量等（プロジェクト排出量など）の差
分を国や企業等の間で取引できるよう「クレジット」として認証する仕
組みを指します。

　日本におけるベースライン＆クレジット制度の例としては、J-クレジ
ットやJCMクレジットなどが挙げられます。民間の認証機関が発行し、
世界的にも流通量が多いクレジット（例えば、VCSやGold Standardな
ど）の大多数は、ベースライン＆クレジット制度により創出されたクレ
ジットになります。

② キャップ＆トレード制度

　キャップ＆トレード制度とは、特定の組織や施設からの排出量に対
し、一定量の排出枠（アローワンス）を設定し、実排出量が排出枠を超
過した場合、排出枠以下に抑えた企業から超過分の排出枠を購入する
仕組みを指します。制度によっては、排出枠を補完するものとして、
①のクレジットの購入を認める例もあります。

　キャップ＆トレード制度の例としては、欧州や米国カリフォルニア
州、中国などが導入するETS（Emission Trading Scheme）制度、東京都
や埼玉県が導入する排出量取引制度、6にて取り上げるGXリーグにお
いて導入されているGX-ETSが挙げられます。

　以上のように、カーボンプライシングと一言でいっても、その在り
方は多種多様です。近年では、企業が組織の戦略や意思決定に活用す
る目的で、独自のカーボンプライシング（「インターナル・カーボンプ
ライシング」）を導入するケースも増加しており、環境省からそのため[109]
のガイドラインも公表されています。[110]

企業の社会的責任としてのみならず、将来のビジネスチャンスの獲得といった観点からも、脱炭素化への早期の移行が求められる現代において、こうした多種多様なカーボンプライシングをうまく活用していくことが、企業のさらなる成長への鍵となるかもしれません。

図表 3-11　ベースライン＆クレジットとキャップ＆トレードの考え方

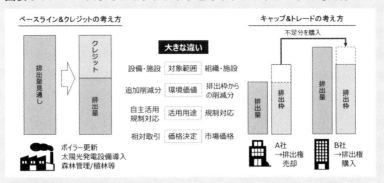

出所：経済産業省カーボンニュートラルの実現に向けたカーボン・クレジットの適切な活用のための環境整備に関する検討会、「カーボン・クレジット・レポート」、2022 年 6 月

〈脚注〉

70 経済産業省・環境省、「国際的な気候変動イニシアティブへの対応に関するガイダンス」、2021 年 3 月最終改定 25 頁。

71 同上脚注 q 参照。

72 高度化法上、非化石電源比率の算定時に非化石電源として計上するための利用。

73 需要家に対して再生可能エネルギーであることを訴求することができるのは、FIT 非化石証書又は非 FIT 再エネ指定非化石証書を使用する場合に限られます。

74 非 FIT 非化石電源の認定、及び非 FIT 非化石電源から発電される電力量の認定は国により行われるものの、当該認定業務の実務については、国から BIPROGY に業務委託されており、これらの認定申請の申請者や申請方法などは、同社のウェブサイトにおいて説明資料などが公表されています。

75 JEPX のウェブサイトに掲載されている非化石価値取引市場取引結果より抜粋（http://www.jepx.org/market/nonfossil.html）。

76 高い価格から並べた買い注文と低い価格から並べた売り注文の交点で取引価格と量が決定される方式のことで、原則として、約定価格より高い買い入札及び安い売り入札が約定することとなります。

77 非化石電源を保有している小売電気事業者に対しては、販売電力量に応じた所定のルールに基づき当該電源から調達できる量（内部調達可能な量）に上限が設定されています。そのため、すべての事業者が所定の比率以上で外部から非化石価値を調達することになり、この比率のことを「外部調達比率」といいます。

78 例えば、仲介事業者は購入した FIT 非化石証書を法人以外には販売できないこととされています（非化石価値取引規程第 8 条第 1 項第 4 号）。これは、非化石証書単体での取引を実施するニーズを有する需要家が基本的には法人であることから、需要家保護の観点から市場参加が認められる仲介事業者における販売先の対象もその範囲に限定したものです。同様に、需要家による証書単体の取引は市場においてのみ認められていることから、仲介事業者において市場以外から直接証書購入を認めるような制度設計がなされたものでもありません。

79 制度検討作業部会、「第十次中間とりまとめ」33 頁。

80 事前に単位時間ごとに高い価格から並べた買い注文と成行き価格のみの売り注文で量に合わせて複数の取引価格が決定される方式のことで、買い入札量か売り入札量の少ない量に合わせて同全量が買い入札価格で約定されます。

81 取引当事者においては、非化石証書管理簿により取引記録を管理することも求められます。

82 これに対し、住宅用太陽光発電などの小規模な非 FIT 非化石電源など、電源保有者が電気事業法における発電事業者としての資格や FIP 認定事業者としての資格を有さない場合は、基本的に、小売電気事業者に対しては、電気と環境価値をセットで、相対で売却し、小売電気事業者の下で証書化することのみ認められています。

83 なお、かかる需要家との非 FIT 非化石証書の直接取引の場合についても、証書のダブルカウントを回避する観点から、① JEPX において非化石証書管理口座を開設すること、②証書の口座移転完了日までに、JEPX に相対取引の内容を報告し、適切に証書の口座移転を行うことが必要とされています。

84 制度検討作業部会、「第七次中間とりまとめ」23 頁。

85 2022 年 4 月 1 日施行の法改正前の法律名は、電気事業者による再生可能エネルギー電気の調達に関する特別措置法。

86 一般送配電事業者、配電事業者及び特定送配電事業者（再エネ特措法第 2 条第 4 項。いわゆる「送配電買取」）。なお、2017 年 4 月 1 日施行の法改正前の再エネ特措法においては、小売電気事業者、一般送配電事業者及び登録特定送配電事業者（いわゆる「小売買取」）。

87 再エネ特措法第 2 条第 5 項。

88 小売電気事業者、一般送配電事業者及び登録特定送配電事業者（再エネ特措法第 31 条第

89 卸電力取引市場における売買取引又は小売電気事業者若しくは登録特定送配電事業者への電力の卸取引（再エネ特措法第2条の2第1項）。なお、特定卸供給事業者（アグリゲーター）を介して、これらの取引を行う場合も含まれると解されています。

90 京都議定書目標達成計画（平成20年3月28日閣議決定）において規定されている、大企業による技術・資金などの提供を通じて、中小企業が行った温室効果ガス排出削減量を認証し、自主行動計画や試行排出量取引スキームの目標達成などのために活用できる制度。平成20年10月に政府全体の取り組みとして開始されました。

91 平成20年11月に環境省において創設された、国内排出削減・吸収プロジェクトにより実現された温室効果ガス排出削減・吸収量をオフセット・クレジット（J-VER）として認証する制度。

92 J-クレジット制度の事務局は、「みずほリサーチ＆テクノロジーズ環境エネルギー第2部J-クレジット制度事務局」とされており、各種問い合わせが可能とされています（J-クレジット制度ホームページ「お問い合わせ」＜ https://japancredit.go.jp/contact/ ＞）。

93 排出削減・吸収に資する技術ごとに、適用範囲、排出削減・吸収量の算定方法及びモニタリング方法などを規定したもの。省エネルギー（EN-S）、再生可能エネルギー（EN-R）、工業プロセス（IN）、農業（AG）、廃棄物（WA）、森林（FO）の6つに分類され、2023年6月現在において、合計で69の方法論が存在します。具体的なプロジェクトの評価方法として、適切な方法論が存在しない場合は、新規の方法論を申請することができます。

94 FIT制度の認定設備で発電し、電気事業者に買い取られた電力は、J-クレジットの認証対象にはなりません（J-クレジット制度ホームページ＜ https://japancredit.go.jp/faq/ ＞「よくあるご質問」Q2-2）。

95 グリーン電力証書やグリーンエネルギーCO2削減相当量認証制度などの他の類似制度に登録されている場合、J-クレジットのプロジェクト登録を受けることはできません（「実施規定＜プロジェクト実施者向け＞ Ver.7.1 ＜ https://japancredit.go.jp/about/rule/data/02_kitei_project_v7-1.pdf ＞ 8 ～ 9頁）。

96 https://japancredit.go.jp/

97 https://japancredit.go.jp/sale/

98 https://japancredit.go.jp/market/offset/

99 https://japancredit.go.jp/tender/

100 東京証券取引所が2023年6月に公表した「カーボン・クレジット市場の概要（https://www.jpx.co.jp/equities/carbon-credit/market-system/nlsgeu000006f14i-att/cg27su0000008krx.pdf）」によると、カーボン・クレジット市場の解説及び売買開始を、2023年10月を目途に行う予定とのことです。

101 経済産業省が設置する第5回カーボンニュートラルの実現に向けたカーボン・クレジットの適切な活用のための環境整備に関する検討会において公表された東京証券取引所作成の『「カーボン・クレジット市場」の実証結果について（https://www.meti.go.jp/shingikai/energy_environment/carbon_credit/pdf/005_04_00.pdf）』と題する資料によると、省エネルギー由来のクレジットの取引価格のレンジが 800 ～ 1,600 円 /t-CO2、加重平均価格が 1,431/t-CO2、再生可能エネルギー由来のクレジットの取引価格のレンジが 1,300 ～ 3,500 円 /t-CO2、加重平均価格が 2,953 円 /t-CO2 であるのに対して、森林由来のクレジットの取引価格のレンジは 10,000 ～ 16,000 円 /t-CO2、加重平均価格は 14,571 円 /t-CO2 となっています。2022 年には、EU-ETS の取引価格が一時期 97 ユーロ /t-CO2 にまで達したことからすると、世界的にみて森林由来のクレジットの取引価格は異常な水準とまではいえないのかもしれませんが、省エネルギー・再生可能エネルギー由来のクレジットと比較した際の価格の隔たりは相当大きいものといえます。

102 これに加えて、新たな流れとして、SBIホールディングスとアスエネは、独自のカーボン・クレジット取引所の開設を目指し、Carbon EX を共同で設立したことを公表しています。同取引所では、ボランタリー・カーボン・クレジット、J-クレジット、非化石証書など、

カーボン・クレジットや ESG 商品が幅広く扱われることが予定されています（https://www.sbigroup.co.jp/news/2023/0608_13866.html、https://prtimes.jp/main/html/rd/p/000000220.000058538.html）。

103 「発電設備認定申請について（2019 年 1 月：日本品質保証機構）https://www.jqa.jp/service_list/environment/service/greenenergy/file/flow/guide_plant.pdf）」

104 FIT 制度で認定された設備であってもグリーン電力発電設備の認定を受けることが可能です。日本品質保証機構ホームページ「よくあるご質問（https://www.jqa.jp/service_list/environment/service/greenenergy/faq.html）」の「Q FIT 制度で認定された設備でも、グリーン電力発電設備の認定は受けられますか？」。もっとも、FIT 制度に基づく特定契約により電気事業者が買い取る電気については、原則として、電力量認証の申請をすることができません（「グリーン電力認証基準＜https://www.jqa.jp/service_list/environment/service/greenenergy/flow.html ＞ 6 頁）。

105 「電力量認証申請について（2018 年 4 月：日本品質保証機構）https://www.jqa.jp/service_list/environment/service/greenenergy/file/flow/guide_power.pdf」。

106 https://www.jqa.jp/service_list/environment/service/greenenergy/

107 https://www.jqa.jp/service_list/environment/service/greenenergy/list_ops.html

108 「排出権取引」や「排出枠取引」と呼称されることもありますが、本書では、「排出量取引」という名称で統一しています。

109 Carbon Disclosure Project（CDP）の公表する「【ダイジェスト版】CDP 気候変動レポート 2021：日本版（https://cdn.cdp.net/cdp-production/comfy/cms/files/files/000/005/481/original/2021_CC_Japan_report_JP_digest_v2.pdf）」によると、2021 年の時点で、アンケートに回答のあった 427 社のうち、約 130 社の企業がインターナル・カーボンプライシングを導入していると回答し、約 150 社の企業が 2 年以内に導入予定と回答しています。

110 https://www.env.go.jp/content/900440896.pdf

4

コーポレートPPA

4.1 コーポレートPPAとは

　コーポレートPPAとは、大要、企業や自治体といった特定の需要家が特定の発電者から、再生可能エネルギーにより発電された電力（以下、「再エネ電力」）を直接購入するための電力受給契約（Power Purchase Agreement, PPA）であり、環境価値の重要な調達手段のひとつです。

　昨今、コーポレートPPAは拡大傾向にあるところ、その背景には、世界的なカーボンニュートラルに向けた取り組みの活性化があります。国内においても、政府による2050年カーボンニュートラル宣言などを受け、企業・自治体などにおけるカーボンニュートラルに向けた取り組みが拡大傾向にあり、RE100、SBT、CDP（5.2.1）に参加する団体も増えています。また、「気候変動など地球環境問題への配慮」に積極的・能動的に取り組むよう検討を深めるべきであることなどがコーポレートガバナンス・コードにおいて明記されたこともあり、気候変動問題への取り組みは、消費者・投資家などへのアピールという観点からも非常に重要なポイントとなっています。加えて、燃料価格の高騰、電力の需給ひっ迫などの問題が顕在化するなか、再エネ電力を一定の価格で長期間にわたり調達することができることもひとつのメリットといえます。

　この点、小売電気事業者を介して電気を購入する場合であっても、当該小売電気事業者が提供する再エネ電力メニューにより電力供給を受ける方法や、需要家自らが環境価値を購入するなどの方法によっても気候変動への対応は可能です。もっとも、前者の方法では、小売電気事業者が設定するメニューに依存することとなり、再エネ電力の比率や価格などに関する柔軟性の確保が難しい面があります。また、後者の方法については、一定の制度的制約がありますし、証書の取得費用や取得することができる証書の量の予測が困難という側面があります。そのため、長期かつ安定的に電気と環境価値を調達するコーポレートPPAが拡大していると考えられます。

　なお、4.2.1のとおり、電気事業法上、需要家は、原則として発電者から直接電気を購入することはできず、小売電気事業者を介して電気を購入することが必要とされています。そのため、国内においてコーポレートPPAを導入する場合には、電気事業法上の規制を踏まえてスキームを工夫する必要があります。

4.2　コーポレートPPAに関連する電気事業法の整理

　コーポレートPPAに関連する電気事業法上の規制として、(i)小売電気事業者登録、(ii)特定供給及び(iii)自己託送が挙げられます。コーポレートPPAの議論を理解するには必ず必要な前提知識となりますので、その概要を説明します。

4.2.1　小売電気事業登録

　電気事業法上、小売供給（一般の需要に応じた電気の供給）を事業として行う場合には、小売電気事業者としての登録を受ける必要があります（電気事業法第2条の2）。コーポレートPPAにおいては、特定の需要家に対して電気を供給することが想定されますが、特定の需要家に対する電気の供給であっても、供給者と需要家との間に密接な関係が認められるなどの例外的な場合を除き[113]、かかる電気の供給は、小売供給と評価されます。そのため、コーポレートPPAにおいても、小売供給に該当しない例外的な場合を除いて、小売電気事業者を介して「発電者→小売電気事業者→需要家」と電気を供給することが原則となります。

4.2.2　特定供給

　4.2.1のとおり、電気事業法上、小売供給を事業として行う場合には、小売電気事業者としての登録を受ける必要があります。

　また、小売供給に該当しない電気の供給を行う場合であっても、需要家を保護する観点から、電気事業ライセンス（発電事業を除きます）を有しない事業者は、原則として、特定供給の許可を得ることが必要となります（電気事業法第27条の33第1項）。

　そのため、需要家に対して電気の供給を行う場合の電気事業法上の規制については以下のように整理することができます。

　　　　原　　　　則：小売電気事業者を介して電気の供給する必要がある
　　　　例　　　　外：小売供給に該当しない場合には、原則として、供給者
　　　　　　　　　　　が、特定供給の許可を得る必要がある
　　　　例外の例外：小売供給に該当しない場合であっても、一定の要件を
　　　　　　　　　　　満たす場合には、特定供給の許可も不要となる

　このうち、特定供給の許可の要件については、電気事業法第27条の33第3項に規定されており、電気の供給者と需要家との間に「密接な関係」があることが必要とされています（同項第1号）。ここで、「密接な関係」とは、①生産工程における関係、資本関係、人的関係等におけるもの、②取引等（①の生産工程におけるものを除く）により一の企業に準ずる関係を有し、かつ、その関係が長期にわたり継続することが見込まれるもの、並びに③自らが維持し、及び運用する電線路を介して電気を供給する事業を営もうとする場合にあっては、共同して組合を設立し、かつ当該組合が長期にわたり存続することが見込まれるものとされており（同法施行規則第45条の24）、その詳細は、電気事業法に基づく経済産業大臣の処分にかかる審査基準等（以下、「電気事業法審査基準」）の第1（42）に規定されて

います。

　また、上記の「例外の例外」として、電気事業ライセンスを有しない者が、特定供給の許可を得ることなく電気の供給を行えるものとされているのは、以下のいずれかに該当する場合です。

(i) 専ら一の建物内又は経済産業省令で定める構内の需要に応じ電気を供給するための発電設備により電気を供給するとき
(ii) 小売電気事業、一般送配電事業、配電事業、特定送配電事業又は特定卸供給事業の用に供するための電気を供給するとき

　以上を踏まえると、小売電気事業者ではない発電者が需要家との間でコーポレートPPAを締結し、小売電気事業者を介さずに電気を供給するためには、特定供給の許可を得ること（前頁「例外」に該当）、又は、特定供給の許可が不要となる場合の要件を充足すること（前頁「例外の例外」に該当）のいずれかが必要となると整理できます。

　なお、4.2.3のとおり、特定供給の許可を得たとしても、小売電気事業者ではない発電者は、小売電気事業者を介さない需要家への電気の供給のために当然に一般送配電事業者などの系統を利用できるわけではなく、かかる系統の利用が「自己託送」（電気事業法第2条第1項第5号ロ）に該当する必要があります。したがって、一般送配電事業者などの系統を利用して、電気を供給するためには、特定供給の許可とは別途、自己託送の要件を満たす必要がある点には留意が必要です。

4.2.3　自己託送

　小売電気事業者ではない発電者が、小売電気事業者を介さない需要家への電気の供給のために一般送配電事業者などの系統を利用する場合には、かかる供給が「自己託送」（電気事業法第2条第1項第5号ロ）に該当する

必要があります。

電気の供給が「自己託送」に該当するには、電気事業の用に供する発電用の電気工作物以外の発電用の電気工作物（以下、「非電気事業用電気工作物」）により発電された電気の供給であることに加え、電気の供給者と需要家が同一の者であるか又は両者が「密接な関係を有する者」であることが必要とされています。

「密接な関係を有する者」の基本的な考え方は、特定供給における「密接な関係」と同様ですが（電気事業法施行規則第2条及び第3条）、従前、自己託送においては、特定供給と異なり、共同して設立した組合の組合員は「密接な関係を有する者」と認められていませんでした。もっとも、2021年11月18日付の同法施行規則の改正により、自己託送が認められる範囲が拡大され、自己託送においても、共同して設立した組合の組合員が「密接な関係を有する者」に新たに追加されました。（ほかにも充足すべき要件はあるものの、）これにより、ある組合員が維持運用する非電気事業用電気工作物により発電した電気を、他の組合員に対して供給する場合には、自己託送として一般送配電事業者などの系統を利用することが認められることとなりました。

ただし、追加された組合型の自己託送の要件については、特定供給における組合型の要件に類似しているものの、両者の間には異なる点が複数あるため留意が必要です。

まず、上記の自己託送の拡大の背景には、カーボンニュートラル社会に向け、FIT/FIP制度に依存しない脱炭素電源の導入を促すという目的があり、また、拡大にあたっては公平性の確保、公正競争の確保、需要家保護といった点が課題となることが指摘されていました。そのため、組合型の自己託送については、当該電源がFIT/FIP制度の適用を受けない電源であること、組合員たる需要家の需要に応ずるための専用電源として新設する脱炭素電源であることや、組合員たる需要家の利益を阻害する恐れがないことが認められる組合型の電気の取引であることが、その要件とされて

いています（電気事業法施行規則第2条3号及び第3条第1項第3号、自己託送に係る指針〈「同施行規則第2条及び第3条第1項における『密接な関係』の詳細」(6)〉）。

　また、重要なポイントとして、自己託送と異なり、組合型の特定供給の許可要件を充足するためには、共同して組合を設立した者に対する電気の供給が、自営線を介して行われる必要があります。すなわち、一般送配電事業者などの系統を利用する場合には、共同して組合を設立した者に対する電気の供給であっても、（他の特定供給の許可を得られる場合に該当しない限り）特定供給の許可を得ることはできず、組合型の自己託送の要件と組合型の特定供給の許可要件を同時に満たすことはできないため、スキームを工夫する必要があります。

4.3　コーポレートPPAの種類

　コーポレートPPAは、電力取引の有無と発電所の設置場所に応じて、大きく図表4-1の類型に分類されます。

　フィジカルPPAとは、発電者が発電した電力を需要家に対して供給するために、発電者と需要家（又は当該需要家に電力供給を行う小売電気事業者）との間で、電力と環境価値を売買するコーポレートPPAです。他方、

図表 4-1　コーポレート PPA の種類

類型	フィジカル PPA		バーチャル PPA
	オンサイト PPA	オフサイト PPA	
電力取引の有無	○	○	×
環境価値取引の有無	○	○	○
発電所の所在地	オンサイト	オフサイト	オフサイト

出所：筆者作成

バーチャルPPAにおいては、発電者が発電した電力を需要家に対して供給するのではなく、発電者は需要家に対して環境価値を譲渡し、需要家は別途小売電気事業者から電力の供給を受けます。

　また、フィジカルPPAのうち、オンサイトPPAとは、発電者が需要家の需要場所内（オンサイト）に発電設備を設置し、当該需要場所内で発電した電力を当該需要家に供給する場合のコーポレートPPAです。他方、オフサイトPPAとは、発電事業者が遠隔地など需要家の需要場所と異なる場所（オフサイト）で発電した電力を需要家に供給する場合のコーポレートPPAです。つまり、オンサイトPPAとオフサイトPPAは、発電場所と需要場所が同一か否かという点に違いがあります（同一：オンサイトPPA、同一でない：オフサイトPPA）。

4.4　オンサイトPPA

　オンサイトPPAの場合、需要場所で発電がなされるため、発電者から需要家に対する電気の供給は、一般送配電事業者などの系統を利用する必要がなく、需要場所内での自営線などを用いた電気のやり取りとなります。この点、一の需要場所内における電気のやり取りに関しては、電気事業法上の電気の「供給」には該当せず、電気事業法の規制の対象とはなりません。そのため、小売電気事業者ではない発電者から需要家に対する電気の供給であっても、小売電気事業者を介在させる必要がなく、託送料金・インバランス料金・再エネ賦課金[115]が発生しないという特徴があります。[116]

　オンサイトPPAにおいては、発電者と需要家との間の電気受給契約において、再エネ電力を、環境価値を含めて需要家へ供給する旨を合意することが一般的です。また、オンサイトPPAでは、需要家が所有などする需要場所（工場などの建物の屋根や敷地内）内に発電者が発電設備を設置・所有することになるため、発電者と需要家との間で、電力受給契約とともに（又はその中で）、発電設備の設置場所の利用権原を付与するための契

図表 4-2　オンサイト PPA における発電者と需要家との間の電力受給契約

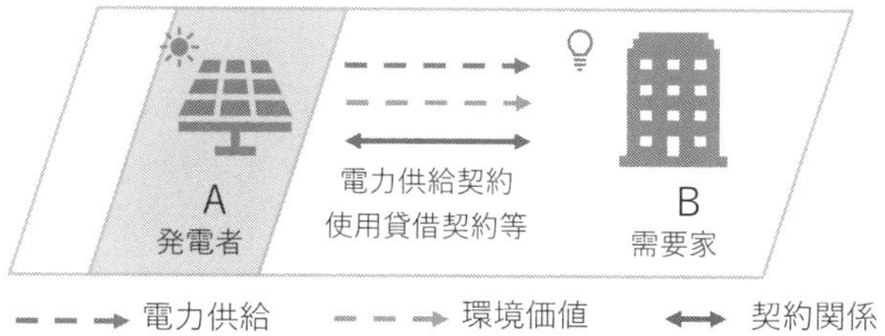

A
発電者

電力供給契約
使用貸借契約等

B
需要家

- - - → 電力供給　　- - - → 環境価値　　◆━━▶ 契約関係

出所：筆者作成

約（無償の使用貸借契約など）を締結することが必要となります。

　オンサイト PPA は、発電者が発電設備の建設・運転・保守を一貫して行うことが多く、需要家としては、発電設備の建設などを発電者に任せることができ、初期投資やノウハウが不要であることが一般的であるため、需要家にとっても取り組みやすいコーポレート PPA ということができます。

COLUMN

計量法について

　オンサイト PPA を締結する際、発電された余剰電力を系統側へ逆潮流させる場合には、計量法との関係に留意が必要です。PPA モデルでは、発電設備側に設置された計量器（m）と、逆潮流量を計測するために一般送配電ネットワーク側に設置される計量器（M）の 2 つが設置されていることが想定されますが、オンサイト PPA の取引対象となる自家消費量を計量する合理的な方法として、この m から M を差し引く差分計量が考えられます。しかしながら、計量法では、取引又は証明における計量をする者は正確にその物象の状態の量の計量をするように努めなければならないとされており（計量法第 10 条）、自家消費量につ

いても、計量器を設置して直接計量をしなければ、同法に違反し、原則、同法に基づく指導・勧告の対象になり得る恐れがありました。

　もっとも、2021年2月の特定計量制度及び差分計量にかかる検討委員会において、①差分計量による誤差が特定計量器に求められる使用公差内となるよう努めること（スマートメーター同士の差分計量は、自家消費量が発電量の20％以上）、②それぞれの計量器の検針タイミングをそろえていること、③それぞれの計量器の間に変圧器などの電力消費設備を介さないことなど適正に差分計量を行える配線であることを要件として、これを満たす場合には、差分計量が適法に認められることが明確化されました。これに加えて、トラブル防止のため、①差分計量を行うことにつき当事者間で合意をし、契約・協定などで担保すること、②当事者それぞれが計量器の計測値を把握できる仕組みの導入が必要とされています。

図表 4-3　発電設備側に設置された計量器（m）と、逆潮流量を計測するために一般送配電ネットワーク側に設置される計量器（M）

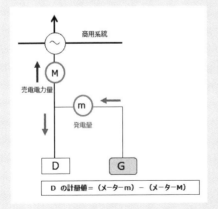

※メーター M：系統連系される受電地点において設置されている電力メーター。
※メーター m：需要場所内の発電地点に設置されている電力メーター。
出所：経済産業省資源エネルギー庁ウェブサイト（https://www.enecho.meti.go.jp/category/electricity_and_gas/electric/measure/faq/016.html）

4.5 オフサイトPPA

4.5.1 概要

　オフサイトPPAでは、遠隔地など需要場所と異なる場所で発電された再エネ電力を供給することになるところ、一の需要場所内における電気のやり取りではないため、電気の「供給」行為として電気事業法の規制対象となります。また、一般送配電事業者などの系統又は自己が敷設した自営線を利用して、電気を供給することになります。

　これらの点を踏まえ、オフサイトPPAについては、大きく（ⅰ）原則モデル、（ⅱ）自己託送モデル、（ⅲ）自営線供給モデルに分類することができます。以下、各類型について説明します。

4.5.2 原則モデル

　オフサイトPPAでは、基本的に需要場所と異なる場所で発電された再エネ電力を一般送配電事業者などの系統を利用して供給することになるため、需要家は、小売電気事業者を介して電気の供給を受けることが原則となります。この場合、再エネ賦課金が発生することに加え、一般送配電事業者などの系統を利用するため、託送料金・インバランス料金も発生することになります。

　原則モデルのオフサイトPPAの契約形態としては、発電者及び小売電気事業者の間で卸供給契約を、小売電気事業者及び需要家の間の小売供給契約を、それぞれback-to-backの契約条件で締結する場合のほか、これらの契約に加えて、取引スキームの全体像などを規定し、三者間での整合的な規律を確保するための三者間契約を締結する場合があります。

　原則モデルのオフサイトPPAにおいて、環境価値を「発電者→小売電気事業者→需要家」と移転するためには、最低限、卸供給契約において、電

図表 4-4　オフサイト PPA における発電者と需要家との間の電力受給契約

力の卸供給に伴い、環境価値が発電者から小売電気事業者へ移転すること
を規定し、小売供給契約において、小売電気事業者は、当該環境価値によ
りオフセットされた再生可能エネルギー・ゼロエミッションの電気を需要
家へ供給することを規定する必要があります。

　また、卸供給契約においては、非化石証書の認定機関への認定申請、非
化石価値売買申請書のJEPXへの提出など、環境価値の移転に要する手続
きに関する規定を設けることが一般的です。加えて、電力の卸供給を受け
る小売電気事業者の義務として、小売電気事業者が需要家へ環境価値を移
転させることを規定することもあります。

　さらに、小売供給契約においては、発電量が需要家の需要量を上回った
（下回った）場合の過不足分の電力量や環境価値の取り扱いなども論点と
なり、これらの取り扱いについても規定しておくことが必要となります。

4.5.3　自己託送モデル

　自己託送モデルは、電気事業ライセンス（発電事業を除く）を有さない
発電者が一般送配電事業者のネットワークなどを利用して、自己又は自己
と「密接な関係を有する者」である需要家に対して、小売電気事業者を介
さず直接に電気の供給を行うことを想定した類型です。なお、一般送配電

図表 4-5　自己託送モデルにおける発電者と需要家との間の電力受給契約

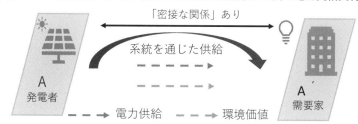

出所：筆者作成

事業者などの系統を利用するため、託送料金・インバランス料金は発生するものの、通常、小売電気事業者を介さないため、再エネ賦課金は発生しません。[117]

　この場合、発電者による電力供給は電気事業法上の「供給」行為に該当することから、まず、発電者は、特定供給の許可を得るか（例外）、あるいは、特定供給の許可が不要な場合（例外の例外）に該当する必要があります。また、自己託送モデルにおいては、自己託送の要件を充足する必要があります。自己託送の要件を充足するには、非電気事業用電気工作物により発電された電気の供給であることに加え、発電者と需要家が同一の者であるか又は両者が「密接な関係を有する者」であることが必要となります。これらの詳細については、4.2.2を参照してください。

　なお、4.2.3に記載のとおり、2021年11月18日に自己託送が認められる範囲が拡大したことを受け、今後、自己託送モデルでのオフサイトPPAが一層活性化することが期待されています。

4.5.4　自営線供給モデル

　発電設備の設置場所から需要場所まで、一般送配電事業者などの系統を利用せず、自己が敷設した自営線により電気の供給を行う場合が自営線供給モデルです。

図表 4-6　自営線供給モデルにおける発電者と需要家との間の電力受給契約

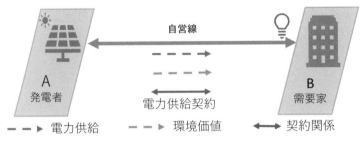

出所：筆者作成

　電気事業ライセンス（発電事業を除く）を有さない発電者が小売電気事業者を介さずにかかる電気の供給を行う場合に、特定供給の許可を得るか（例外）、あるいは特定供給の許可が不要な場合（例外の例外）に該当することのいずれかが必要となるのは、自己託送モデルの場合と同様です。[118]

　そして、一般送配電事業者などの系統を利用せず、通常、小売電気事業者も介しないことから、託送料金・インバランス料金・再エネ賦課金は発生しません。

4.6　バーチャルPPA

4.6.1　バーチャルPPAとは

　バーチャルPPAは、発電設備と需要場所が異なる場所に位置する点ではフィジカル・オフサイトPPAと同様ですが、これと異なり、発電者が発電した電力が需要家に対して供給されるわけではありません。典型的には、以下の仕組みがとられます。

① 発電者と需要家の間では、電力の売買は行わず、環境価値の売買を行う。
② 発電者は発電した電力を卸電力市場で販売し、売電収入を獲得。

③ 発電者と需要家は、あらかじめ合意した固定価格と②の市場価格の差
　 金を精算することで、発電者の収入を固定化。
④ 需要家は小売電気事業者から電力を購入。

　発電者は、発電した電力を卸電力市場で販売する一方、当該電力に由来
する環境価値を需要家に対して相対取引で移転させます。もっとも、この
ままでは、発電者の収入が卸電力市場の市場価格の影響を受けることから、
発電者と需要家との間で、あらかじめ合意した固定価格と当該市場価格の
差額を精算します。これにより、発電者は、卸電力市場で売電を行いつつ、
収入を固定することができます。また、需要家は、小売電気事業者から電
力の供給を受けつつ、環境価値のみを発電者から追加で取得することがで
きることとなります。
　バーチャルPPAは、発電者側にとって、例えば、地域間連系線を使っ
て離れた別のエリアに所在する需要家に電気を供給したい場合や、発電者
が卸電力市場での売電を前提に市場価格の変動リスクをヘッジするニーズ
を有する場合などに、卸電力市場で売電しつつ、あたかも一定の固定価格
で電気を売買するのに近い経済効果を実現するための手法といえます。ま
た、需要家側にとっては、既存の小売電気事業者との小売供給契約を維持
することを含め、バーチャルPPAのスキームに左右されずに、小売電気
事業者を自由に選択しつつ、電気とは別に環境価値のみを長期安定的に発
電者から調達できるメリットがあるといえます。

4.6.2　バーチャルPPAの主要論点

4.6.2.1　非化石証書の取引制度との関係
　4.6.1のとおり、バーチャルPPAでは、発電者・需要家間で環境価値を
相対取引することが典型になりますが、従前、非FIT非化石証書において
は、こうした発電者・需要家間の直接の相対取引は認められておらず、こ

の点が日本におけるバーチャルPPAの普及へのひとつの足かせとなっていました（小売電気事業者を介在させるスキームしか検討できない状況でした）。もっとも、3.1.3.2.2に詳述のとおり、2022年夏ごろより、まず一定の非FIT電源（卒FIT電源を含む）について、発電者・需要家間における非FIT非化石証書の直接相対取引が解禁され、その後、一定のFIP電源についても当該取引が認められるに至りました。これにより、現行制度においては、一定の非FIT電源及びFIP電源であれば、発電者・需要家間で直接に非FIT非化石証書を取引する形のバーチャルPPAも検討可能となっています。また、あわせてアグリゲーター・需要家間で直接に非FIT非化石証書を取引するスキームも検討可能となっています。

4.6.2.2　商品先物取引法上のデリバティブ取引規制との関係

　4.6.1のとおり、バーチャルPPAでは、電力の市場価格と（当事者間であらかじめ合意した）固定価格の差金を決済することが典型的に想定されます。しかし、かかる差金決済については、商品先物取引法の規制を受け、同法上の許可や届出を要する可能性があるとの指摘が従前からなされており、この点も国内におけるバーチャルPPA普及の足かせとなっていました。

　すなわち、電力は商品先物取引法上の「商品」に該当するため（同法第2条第1項第4号）、電力の約定価格と現実価格の差金決済取引については、原則として同法上の「店頭商品デリバティブ取引」に該当し（同法第2条第14項第2号）、これを業として行う者は、原則として商品先物取引業の許可を取得する必要があります（同条第22項第5号、同法第190条第1項）。しかし、かかる許可を取得するためには、財産的基礎や社内体制の整備など、法定の厳格な許可基準を満たす必要があることから、デリバティブ取引の専門業者ではない一般的な発電事業者や需要家においては、かかる許可の取得は現実的に困難でした。また、商品先物取引上、資本金の額が10億円以上の株式会社や、その子会社を取引の相手方とする場合など、

一定の例外的要件を満たすものについては、商品先物取引業の許可の取得を要さず、一定の届出で足りるものとされていますが、[119]発電事業者が倒産隔離の施された特別目的会社（SPC）である場合や、中小規模の発電事業者及び需要家などにおいては、かかる例外的要件を満たすことも実務上ハードルが高いとみられてきました。

　もっとも、2022年11月、この点に関する経済産業省の見解が公表され、[120]商品先物取引の解釈・運用上で一定の整理がなされました。具体的には「バーチャルPPAが店頭商品デリバティブ取引に該当するかの判断については、個別の契約ごとにその内容を確認する必要がありますが、一般論として、差金決済について、当該契約上、少なくとも以下の項目が確認でき、全体として再生可能エネルギー証書などの売買と判断することが可能であれば、商品先物取引法の適用はないと考えております」との見解が示され、「以下の項目」として、「取引の対象となる環境価値が実態のあるものである（自称エコポイントなどではない）」、「発電事業者から需要家への環境価値の権利移転が確認できる」との2項目が示されました。かかる見解によれば、上記の一定の要件を満たすバーチャルPPAについては、商品先物取引法の適用を受けず、上記の許可や届出を必要とせずに取り組むことが可能と考えられます。

　なお、経済産業省の上記の見解は、あくまで商品先物取引法に関するものであり、会計・税務上の取り扱いについては、各事業者において別途の検討を要するものと考えられますので、この点については留意が必要となります。

111 需要家が発電者と直接に契約を締結するのが、典型的なコーポレート PPA といえますが、電気事業法の規制上、小売電気事業者を介在させる必要がある場合であっても、需要家が特定の発電者から電気を調達するためにアレンジする取引であれば、広く「コーポレート PPA」と呼ぶのが通常です。

112「原則 2-3 社会・環境問題をはじめとするサステナビリティを巡る課題（補充原則 2-3 ①)」。

113 小売供給の定義である「一般の需要に応じ電気を供給する（電気事業法第 2 条第 1 項第 1 号)」とは、電気の供給が現在存在している使用者（顕在的需要）に対してのみなされるのではなく、潜在する需要（潜在的需要）に対しても、それが将来顕在化したときには供給するということを意味するものと解されています（2020 年版電気事業法の解説 52 頁、https://www.enecho.meti.go.jp/category/electricity_and_gas/electric/shiryo_joho/data/2020.pdf)。そのため、自己の社宅に対する供給など、特別な関係に基づいて特定の需要に対して供給する場合（特別な関係を有しない先への供給が想定されない場合）には、小売供給に該当しないと考えられます。

114 https://www.enecho.meti.go.jp/category/electricity_and_gas/electric/summary/pdf/zikotakusou211118.pdf

115 小売電気事業者などが接続供給を受けたことへの対価です。小売電気事業者と需要家との間の小売供給契約において、需要家へ転嫁されるのが一般的です。

116 一般送配電事業者による、計画需要量と実需要量の差分を調整するための電力補給（又は買取）に要する費用（又は収益）。

117 ただし、自己託送制度を利用した場合の再エネ賦課金の負担の在り方については、公平性確保の観点から、こうした形態による取引の広がりや実態・ニーズを把握しつつ、必要に応じて関係審議会で検討することとされているため、留意が必要です。

118 もっとも、一般送配電事業者などの系統を利用しないため、自己託送の要件を充足する必要はありません。

119 例外的要件につき、商品先物取引法第 2 条第 15 項、同条第 22 項柱書、同法施行規則第 1 条。届出につき、同法第 349 条第 1 項。

120 https://www.meti.go.jp/policy/commerce/b00/vppa.html

5

環境価値の活用方法

5.1　環境価値の活用

　3のとおり、日本において活用可能な環境価値の主な種類としては、非化石証書、J-クレジット及びグリーン電力証書が挙げられます。これらの環境価値の活用にあたっては、諸法令・諸制度との関係に加え、国際的な気候変動イニシアティブ（CDP、RE100、SBTi）との関係を整理しておくことが重要となります。そこで、以下では、環境価値を活用する主体（需要家、小売電気事業者）ごとに、環境価値の活用方法について整理を行います。

5.2　需要家における環境価値の活用

5.2.1　需要家における環境価値の活用方法

5.2.1.1　温対法

　需要家が非化石証書を直接購入した場合、当該非化石証書は、非化石電源二酸化炭素削減相当量として、電気事業者（小売電気事業者、一般送配電事業者及び登録特定送配電事業者）から供給された電気の使用に伴い発生するCO_2排出量を上限として、調整後排出量の算定上、控除することができます（2.3.6.1⑤B）。

　また、J-クレジットや認証済みグリーン電力証書については、無効化又は償却した量を国内認証排出削減量として、非化石証書と同様に、調整後排出量の算定上、控除することができます（2.3.6.1⑤A）。

　こうした直接的な環境価値の利用に加え、需要家は、他人から供給された電気の使用に伴うCO_2排出量を算定するにあたって、調整後排出係数やメニュー別排出係数が低い小売電気事業者又は一般送配電事業者を選択することができます（2.3.6.2②）。小売電気事業者や一般送配電事業者は、調整後排出係数やメニュー別排出係数の算定にあたって、その保有する環

境価値を活用することが可能ですので、需要家は、いわば小売電気事業者
又は一般送配電事業者の選択を通じて、当該小売電気事業者又は一般送配
電事業者が保有している環境価値を間接的に活用していると評価すること
もできます。

5.2.1.2　省エネ法

　省エネ法では、中長期計画・定期報告における非化石エネルギーへの転
換のために、環境価値を活用することが考えられます。環境価値の活用方
法としては、温対法における活用と同様に小売電気事業者又は一般送配電
事業者からの電気の調達に際し、非化石エネルギー使用量を算定するにあ
たって、当該小売電気事業者又は一般送配電事業者の非化石証書使用状況
を通じて間接的に非化石証書を活用する方法や、自ら直接非化石証書、J-
クレジット、認証済みグリーン電力証書を購入し、非化石エネルギー使用
量に算入する方法が考えられます（2.4.7）。

　また、省エネルギーの文脈では、共同省エネルギー事業を実施すること
で創出された省エネルギーなどの分野の方法論に基づくJ-クレジットを、
その報告に活用することができます（2.4.5）。

5.2.1.3　RE100

　RE100とは、影響力のある企業が事業で使用する電力の100％を再生可
能エネルギーとすることを宣言し、加盟するイニシアティブです。RE100
は、2014年に発足し、The Climate GroupとCDPという2つの非政府組織
（NGO）によるパートナーシップのもと実施されています。参加企業は、
毎年、The Climate Groupに対して、所定フォーマットに従い、進捗報告
を行うこととされています。

　RE100には、アップル、マイクロソフト、グーグルなど数多くの著名
な企業が参加しており、日本企業も83社（2023年9月時点）が参加表明
をしています。

RE100に参加し、再エネ化100％を目指すために、再生可能エネルギーを調達する際には、RE100の技術要件（RE100 Technical Criteria[121]）に留意しなくてはなりません。そこで、以下では、RE100の技術要件の記載を基に再生可能エネルギーの調達方法や非化石証書の活用にあたって留意すべき点を整理しています。

まず、RE100における再エネ化100％を目指すにあたっては、活用できる再生可能エネルギーの種類を把握しておく必要があります。RE100において、再生可能エネルギーとして認められているエネルギー源は、以下のとおりです。

- 風力（Wind）
- 太陽光、太陽熱（Solar）
- 地熱（Geothermal）
- 持続可能に調達したバイオマス（バイオガスを含む）
  （Sustainably Sourced Biomass）
- 持続可能な水力（Sustainable Hydropower）

特筆すべきは、水素（Hydrogen）やエネルギー貯蔵（Energy Storage）については、エネルギー源（Energy Resource）ではないとして、再生可能エネルギーとしては認められていない点です。また、バイオマスや水力については、「持続可能」な場合のみ対象とされており、この持続可能性については、第三者検証により証明することが推奨されています。

加えて、これらの再生可能エネルギーは、所定の調達方法に従って調達しなければならないとされています。その主な調達方法は、図表5-1のとおりです。

このうち図表5-1の④エネルギー属性証明書の調達について、RE100においては、原則としてトラッキング付き証書の購入のみが技術要件を満たすとされています。したがって、日本においては、再生可能エネルギー由

図表 5-1　RE100 において許容される再生可能エネルギー電力の調達手法

①企業が保有する発電設備による自家発電
②直接調達（発電事業者との契約） 　②-1 フィジカルPPA 　②-2 バーチャルPPA
③小売電気事業者との契約 　③-1 小売電気事業者とのプロジェクト特定契約 　③-2 小売電気事業者との小売供給契約（再生可能エネルギーメニュー）
④エネルギー属性証明書（Energy Attribute Certificate〈EACs〉）の調達
⑤受動的調達 　⑤-1 エネルギー属性証明書で裏づけられた系統からのデフォルトでの再生可能エネルギー電力調達 　⑤-2 再生可能エネルギー電力の割合が95％以上の系統からのデフォルトでの調達

出所：RE100、「TECHNICAL CRITERIA」、2022 年 12 月・CDP ジャパン、「RE100 技術要件」、2023 年 2 月を参考に筆者作成

来 J- クレジット、グリーン電力証書、トラッキング付き FIT 非化石証書、及びトラッキング付き非 FIT 再エネ指定非化石証書の利用が基本となります。ただし、相対取引により非 FIT 非化石証書を電気とセットで調達し、販売する小売供給形態については、契約によりトラッキング機能を実質的に担保できていることから、RE100 における利用が可能と考えられます。

　また、2024 年 1 月 1 日以降に調達する電力については、新たな再生可能エネルギー電源への直接的な需要を高め、エネルギー転換を図ることを目的として、年間の電力使用量のうち15％を超える部分について、以下に掲げるものを除き、運転開始日（試運転日）又はリパワリング日から起算して15 年以内の電源からの調達が必要とされています。

・企業が保有する発電設備による自家発電（図表 5-1 ①）
・系統接続のない自営線による再生可能エネルギー電気の直接調達（図表 5-1 ②-1の一部）

- 長期契約のプロジェクトとしてオフテイカーとして当初から参画している案件（以下の場合を含む）
  - ✓ フィジカルPPA（図表5-1②-1の一部）
  - ✓ バーチャルPPA（図表5-1②-2）
  - ✓ 電源を特定した契約（図表5-1③-1）
  - ✓ 電源を特定した証書のみの調達（図表5-1④の一部）
- 受動的調達（図表5-1⑤）

　この「15年」の条件については、再生可能エネルギー電力の使用を主張する年の15年前の年の1月1日以降とされていますので、例えば、2025年1月から同年12月までの間の再生可能エネルギー電気の調達では、その15年前、すなわち、2010年の1月1日以降に運転開始又はリパワリングした再生可能エネルギー電源由来であることが必要ということになります。

COLUMN

RE100の参加要件[122]

　RE100に参加するためには、所定の参加要件を満たす必要があります。ここでは、参加要件のうち、重要なものに絞って解説します。

　まず第一に、消費電力量が年間100GWh以上であることが必要とされています（ただし、100GWh未満の消費量であっても、一定の影響力のある企業であると認められる場合は参加できるとされています）。ただ、持続可能な脱炭素社会実現を目指す日本独自の企業グループである日本気候リーダーズ・パートナーシップ（以下、「JCLP」）が公表するところによると、日本企業については、当該基準は50GWhに緩和されています。

　第二に、自社事業で使用する電力の100％再エネ化に向けて、期限

を定めた目標を設定し、公表することが求められます。この目標設定の最低限の条件として、2050年までに再エネ化100％を最終目標とし、2030年までに再エネ化60％、2040年までに90％を中間目標とすることが求められています。ただし、JCLPによると、当該要件についても、日本企業の再エネ化が遅れていることに鑑みて、中間目標については、必須要件から推奨要件に緩和されています。その代替として、日本企業には、「日本の再エネ普及目標の向上」と「企業が直接再エネを利用できる、透明性のある市場の整備」に関する、政策関与と公的な要請を積極的に行うことが条件として課されています。

　第三に、グループ全体での参加及び再エネ化にコミットすることが必要であるとされています（最上位の親会社から見たグループ全体〈支配率50％以上の子会社すべて〉で参加しなければならないとされています）。ただし、親会社と明確に分離したブランドであって、年間1TWh以上の消費電力量の子会社は、独自に参加することが可能とされています。

　さらに、参加要件を満たす場合であっても、RE100に参加できない場合があります。例えば、RE100のミッションや信頼性に悪影響を及ぼし得るとされる企業（化石燃料の推進や再生可能エネルギー普及を妨害するロビー活動を行っている企業、人権侵害や犯罪行為を行っている企業など）や、化石燃料、航空、軍需品、ギャンブル、タバコ産業にのみ属する企業、主要な収入源が電力関連事業の企業（再生可能エネルギー設備メーカーについては、一定の要件を満たす場合参加できます）は、参加要件を満たす場合であっても、RE100に参加することはできません。

5.2.1.4　CDP

CDP（旧称：Carbon Disclosure Project）とは、投資家向けに企業の環境情報の提供を行うことを目的とした国際的なNGOです。2000年に発足し、日本においては2005年より活動しています。[123]

CDPの主な活動内容は、気候変動などに関わる事業リスクについて、企業や自治体がどのように対応しているか、質問書形式で調査し、評価したうえで公表することです。まず、CDPは、CDPの活動に賛同、署名をした機関投資家に代わって質問票（以下、「CDP質問」）を各企業や世界中の自治体に対して発出します。次に、各企業などから得た回答をベースに、情報開示、認識、マネジメント、リーダーシップの4段階のスコアリング基準に基づき段階的に評価が行われ、最終的にはAからFまで9段階に分かれたスコアが付与されます。最も高評価となるAスコアを獲得した企業は、Aリスト企業として高く評価されます。当初は、気候変動に関する活動に限られていましたが、現在は、水セキュリティ及びフォレストに関する質問票の作成と回答の評価も行っています。

具体的なスコアリングの内容については、図表5-2のとおりです。

2023年5月現在においては、130兆米ドル以上の資産を保有する680以上の投資家と協力して、CDPは、資本市場と企業調達を利用して企業の環境への影響を明らかにし、世界の時価総額の半分に相当する1万8,700社以上、1,100以上の都市、州、地域を含む、世界中の約2万の組織がCDPを通じてデータを開示しています。[124]

CDP質問の中には、温室効果ガスの排出量についても回答を求められる項目（C6）があり、証書やクレジットとの関係では、こうした温室効果ガスの排出量に関する質問において、証書やクレジットが活用可能なのかという点が重要なポイントとなります。CDPにおいては、RE100、SBTiなどの他の国際的なイニシアティブと同様に、温出効果ガス排出量の算定方法として、GHGプロトコルの各種基準類（コーポレート基準、Scope3基準、Scope2ガイダンスなど）の利用が推奨されており（コラム「GHGプ

図表 5-2　CDP におけるスコアリングの内容

スコアリング	評価段階	スコアリングの意味合い
A/A –	リーダーシップ	TCFD などのフレームワークにおいて、戦略と行動におけるベストプラクティスを示す。科学的根拠に基づく目標の設定、気候変動移行計画の策定、水関連のリスク評価戦略の策定、関連するすべての事業、サプライチェーン、商品に関する森林破壊の影響に関する報告などの行動を実施している。
B/B –	マネジメント	事業が環境に与える影響に対処し、適切な環境管理を行っている。環境への影響を管理していることをある程度示しているが、その分野のリーダーとして注目されるような行動はとっていない。
C/C –	認識	環境問題が自社の事業とどのように関わり、自社の事業が人々や生態系にどのような影響を与えるかについて、企業がどの程度包括的に評価しているかを示す。
D/D –	情報開示	質問票に対する情報開示があったことを示す。
F	—	質問票に対して開示がなかった場合に付与される。

出所：筆者作成

ロトコル『Scope2 ガイダンス』」）、外部から調達した電力・熱・蒸気の使用に伴う温室効果ガス排出量（いわゆる Scope2）の算定にあたって用いることができる証書やクレジットの要件についても、GHG プロトコルの Scope2 ガイダンスに依拠することが明らかにされています。

　この点、GHG プロトコルの Scope2 ガイダンスにおいては、非化石証書（FIT 非化石証書及び非 FIT 再エネ指定非化石証書に限ります）、再生可能エネルギー電力由来 J- クレジット、グリーン電力証書については、いずれも利用可能と整理されており、したがって、CDP 質問における Scope2 の温室効果ガス排出量の報告にあたっても、これらの証書やクレジットを用いることができます。

　なお、Scope2 と異なり、Scope1 の温室効果ガス排出量の報告にあたって、J- クレジットなどのオフセット・クレジットによる排出量の控除は認

められていません。オフセット・クレジットによる温室効果ガス排出量の
オフセットは、カーボンプライシングに関する質問（C11）において報告す
ることができるにとどまります。

5.2.1.5　SBTi

　SBTi（Science Based Targets initiative）とは、パリ協定が求める基準と
整合した温室効果ガス排出削減目標（SBT）を、科学的知見に基づいて企
業が設定するイニシアティブです。

　SBTiは、CDP、国連グローバルコンパクト（UNGC）、世界資源研究所
（WRI）、世界自然保護基金（WWF）の4団体が共同で運営しており、「We
Mean Business（WMB）」の取り組みのひとつとして実施されています。

　SBTiにおいては、気候変動による世界の平均気温の上昇を産業革命前
と比べて2℃より十分低い、又は1.5℃以内に抑えるための目標を5〜10
年先をターゲットに設定することが求められ、自社だけではなく、サプラ
イチェーン排出量（事業者自らの排出だけなく、事業活動に関係するあら
ゆる排出を合計した排出量）[125]の削減が求められています。参加企業にとっ
ては、SBTiの認定を受けることで、パリ協定に整合する持続可能な企業で
あることをアピールできるというメリットがあります。

　2023年6月30日まででSBTiの認定企業が2,984社、2年以内にSBT認
定を取得すると宣言するコミット企業は2,459社、合計5,443社がSBTi
に参加しています。このうち日本企業は587社（認定企業515社、コミッ
ト企業72社）[126]となっています。

　SBTiの認定を受けるにあたっては、主として図表5-3の目標を設定す
ることが必要であり、参加企業は、これらの目標を達成するために温室効
果ガスの排出削減に取り組むことが求められます。[127]

　したがって、これらの目標設定にあたって、証書やクレジットがどのよ
うな形で活用可能なのかという点を理解しておく必要があります。

　まず、SBTiにおいては、Scope1、Scope2及びScope3のそれぞれについ

図表 5-3　SBTi において求められる目標設定

	Scope1 及び Scope2	Scope3
短期的目標 (Near-Term Targets)	• 5 〜 10年先を目標年として、気温上昇を1.5℃以内に抑えるために整合的な目標の設定が必要[128] • 目標の設定の対象は、Scope1及びScope2の温室効果ガス排出量のうち少なくとも95%の排出量をカバーする部分	【Scope3からの排出量＜全体の排出量の40％の場合】 • Scope3についての目標設定は不要 【Scope3からの排出量≧全体の排出量の40％の場合】 • 5 〜 10年先を目標年として、気温上昇を2℃よりも十分に低く抑えるために整合的な目標の設定が必要 • 目標の設定の対象は、Scope3の排出量の少なくとも67％の排出量をカバーする部分
長期的目標 (Long -Term Targets)	• 2050年(エネルギー分野、海事分野については2040年)以前を目標達成時期として、気温上昇を1.5℃以内に抑えるために整合的な目標の設定が必要 • 目標の設定の対象は、Scope1及びScope2の温室効果ガス排出量のうち少なくとも95％の排出量をカバーする部分	• 2050年以前を目標達成時期として、気温上昇を1.5℃以内に抑えるために整合的な目標の設定が必要 • 目標の設定の対象は、Scope3の温室効果ガス排出量のうち少なくとも90％の排出量をカバーする部分
	• Scope1、Scope2及びScope3全体を通じて、90％以上の温室効果ガスの削減が必要	

出所：筆者作成

　て、温室効果ガスの排出量の削減目標を設定し、それを達成する必要がありますが、温室効果ガス排出量の算定にあたっては、5.2.1.4のCDPと同様、GHGプロトコルの各種基準類に依拠することとなります。

　したがって、Scope2における温室効果ガス排出量を算定するにあたっては、CDPと同様に非化石証書（FIT非化石証書及び非FIT再エネ指定非化石証書に限ります）、再生可能エネルギー電力由来J-クレジット、グリ

ーン電力証書を活用することができます。

　なお、これらの目標達成にあたって、J-クレジットなどの利用により温室効果ガス排出量をオフセットできるかという点も問題となりますが、SBTiが公表する基準によると、図表5-3の短期的目標・長期的目標を達成することを目的とした温室効果ガス排出量のオフセットのためのカーボン・クレジットの利用可能性は明確に否定されています。[129]

5.2.1.6　GX-ETS

　6にて詳述するとおり、GXリーグの参画企業は、GX-ETSにおいて、温室効果ガスの国内直接排出量及び国内間接排出量の自主目標の設定と、その達成に向けた温室効果ガスの排出削減への取り組みが求められます。また、実際の国内直接排出量と国内間接排出量に関して、一定の要件を充足する場合には、取引可能な超過削減枠を創出することができます。

　証書やクレジットの活用方法としては、まず、国内間接排出量に関する自主目標の達成や超過削減枠の創出要件の充足にあたって、非化石証書や認証済みグリーン電力証書を利用することが可能です。また、J-クレジットについては、適格カーボン・クレジットとして取り扱われることとなり、国内直接排出量に関する自主目標の達成にも利用することができます。

COLUMN

炭素国境調整措置（CBAM）における
証書やクレジットの活用可能性について

　炭素国境調整措置（CBAM：Carbon Border Adjustment Mechanism）とは、国内の気候変動対策を進めていく際に、他国の気候変動対策との強度の差による競争上の不公平に起因するカーボンリーケージを防[130]ぐことを目的とした制度です。具体的には、他国からの輸入品に対して、

温室効果ガスの排出量に応じて水際で負担を求めるか、他国への輸出品に対して水際で負担分の還付を行うか、その双方を採用する制度になります。

2019年12月、欧州委員会（EC）において、2050年の温室効果ガスの排出量を実質ゼロとすることを目標として掲げる「欧州グリーンディール」[131]が公表され、その中で、CBAMについて明示的に言及されました（以下、EUにおけるCBAMを「EU-CBAM」）。2021年7月14日には、2030年の温室効果ガスの排出量を1990年比で最低55%削減することに向けた政策パッケージである「Fit for 55」[132]が提案され、EU-CBAMの設置に関する規則案が公表され、2023年5月16日には、同規則案（以下、「本規則案」）がEU官報で公布されました。[133]

本規則案によると、EU-CBAMの初期段階において対象となる品目は、セメント、電気、化学肥料、鉄鋼、アルミニウム、水素の6品目となりますが[134]（本規則案第2条第1項及び別紙1）、対象の範囲は今後、段階的に拡大されていくことが予定されています。2023年10月1日からは、EU域内に輸入されるこれらの品目について、生産段階における温室効果ガスの排出量や輸入元の国において負担する炭素価格について、四半期ごとの報告が義務づけられることになります（同規則案第32～35条）。

また、2026年からは実際に価格調整メカニズムが導入される予定です。具体的には、上記品目の輸入者は、前年の対象品目の生産過程で生じた温室効果ガス排出量に応じて当局からCBAM certificateを購入し、その償却を行います（本規則案第20条及び第22条）。加えて、前年の対象品目の輸入数量、当該対象品目の生産過程で生じた温室効果ガスの排出量、当該排出量に対応するCBAM certificateの償却量等の申告（CBAM declaration）も実施しなければなりません（同規則案第6条）。

輸入者は、第三者の認証を受けることや記録を保管することなどの一定の要件を充足したうえで、輸入元の国における炭素価格の負担に応じて償却が必要となるCBAM certificateの数量を削減することができます（同規則案第9条）。なお、CBAM certificateの価格は、EU-ETS におけるallowanceの価格をベースとして決定されます（同規則案第21条）。

　また、米国においても、2022年6月7日にバイデン政権のもと、セメント、鉄鋼、アルミニウム、ガラス、製紙、エタノール、化石燃料、石油精製品、石油化学製品、化学肥料、水素などをCBAMの対象とするClean Competition Actの法案が米国連邦議会上院に提出されています。同法案は、その後承認されることなく終わりましたが、今後も同様の法案が提出される可能性がないとはいえないでしょう。また、こうしたCBAMの導入の動きは、その他の国の動向にも影響する可能性もあります。[135]

　このようなCBAMの導入の流れのなかで、CBAMの導入を予定する国又は地域へ製品を輸出する事業者としては、まず、自社の製品にCBAMの対象品目が含まれているか、対象品目が含まれる場合、それをどこから調達しているのかといった初期的な影響評価を行う必要があります。その結果、自社の製品がCBAMの対象となることが判明した場合には、温室効果ガス排出量の報告のためのデータ収集への対応のほか、価格調整メカニズムが本格的に導入された場合における経済的な影響の評価及び輸入元の国におけるカーボンプライシングの利用の可否といった当該制度への対応方法の検討を行う必要があります。

　EU-CBAMとの関係では、現時点では、非化石証書、J-クレジット、グリーン電力証書といった既存の証書やクレジットが利用可能なのか、利用可能だとするとどの程度の利用が可能なのかといった点は必ずしも明確ではなく、今後の議論の進展に委ねられる部分は多いですが、

上記のとおり、報告制度は2023年から導入される予定ですので、対応が必要となる事業者は、それに向けた準備を早急に進めていく必要があります。

5.2.2 環境価値の活用時期

　需要家が取得した証書の再生可能エネルギー価値を、その期間の電気に活用することが可能かについては、従来の非化石証書の用い方と同様の活用期間が設定されています。具体的には、非化石証書については従来、高度化法や温対法の報告において、当年1〜12月の発電分の証書を取得年度（当年4月〜翌年3月）の供給電力に対して利用することとされ、上記報告の時期を迎える翌年6月末までが活用期間となっています。需要家が取得した非化石証書についても、これと同様に当年1〜12月発電分の証書を当年4月〜翌年6月末までに使用した電力に対して、活用することが可能とされました。ただし、相対取引分については、取得したタイミングから翌年6月末までの使用電力に対して活用が可能とされています。

　また、国際的なイニシアティブ（CDP、RE100、SBTi）における活用について、J-クレジット、グリーン電力証書には有効期限はなく、長期にわたり保管することが可能ですが、Scope2ガイダンスに定められる証書の品質基準に従い、証書等の発行時期と使用時期が、なるべく近くなるように留意する必要があると考えられています。

GHGプロトコル「Scope2ガイダンス」

　証書やクレジットを活用する方法について、国際的なイニシアティブ（CDP、RE100、SBTi）においては、温出効果ガス排出量の算定方法として、GHGプロトコルの各種基準類（コーポレート基準、Scope3基準、Scope2ガイダンスなど）の利用が推奨されています。

　GHGプロトコルとは、Greenhouse Gas Protocolの略であり、WRIと持続可能な開発のための世界経済人会議（WBCSD）が共催する団体であり、温室効果ガス排出量の算定・報告に関する基準等を発行しています。

　温室効果ガス排出量の算定方法には、Scope1、Scope2、Scope3がありますが、特に外部から調達した電気・熱・蒸気の使用に伴う温室効果ガス排出量の算定方法については、Scope2ガイダンスに記載されています。

　Scope2ガイダンスに基づく温室効果ガス排出量を開示する際には、ロケーション基準手法とマーケット基準手法の2種類で報告しなければならないとされており、温室効果ガス排出量の目標設定や目標達成の主張の際には、どちらの手法を使用するかを明示しなければなりません。

　ロケーション基準手法とは、特定のロケーション（系統の範囲や同一の法体系が適用される範囲）に対する平均的な電気の排出係数に基づいて、Scope2排出量を算定する手法であり、企業が再生可能エネルギー電気など、系統平均排出係数よりも低炭素な電気を調達していても、その効果を反映することはできません。日本では、温対法において全国平均係数が公表されているため、原則として自社が系統から調達したすべての電気に温対法の全国平均係数を適用することで排出量を算出します。

　マーケット基準手法とは、企業が購入している電気の契約内容を反映して、Scope2排出量を算定する手法であり、再生可能エネルギー電気など低炭素な電気を調達していれば、その効果を反映することができます。需要家は自らが実際に購入している電気の排出係数（マーケット基準対応の排出係数）を用いて排出量を算出し、証書などを購入している場合には、その効果を反映することができるため、①他社から調達した電気の排出係数の特定及び②需要家が調達した証書などによる温室効果ガス排出量の調整というプロセスが必要となります。マーケット基準対応の排出係数及び排出量算定については、温対法に基づく温室効果ガス排出量算定・報告・公表制度と異なる点があるため、留意が必要となります。

5.2.3　需要家、仲介事業者が証書を取得する際の会計・税務上の取り扱い

　非化石証書は、電気とセットとなり、実質再生可能エネルギー又はゼロエミッションの電気として評価されるためのプレミアムを提供するものであり、これを需要家及び仲介事業者が取得する場合も、基本的な性質は変わらないと考えられます。そのため、需要家及び仲介事業者が非化石証書を取得した場合の会計・税務上の基本的な考え方は、小売電気事業者が非化石証書を取得した場合の整理と大きく変わるものではないとされています。

　すなわち、非化石証書の取得時は、その取得価額をもって資産計上（流動資産）し、その販売又は活用時に販売又は活用した分を費用化することが一般的と考えられます。

　ただし、消費電力量を大きく上回って証書を購入した場合には、需要家

は自らの消費電力量に見合った量の証書を調達することが自然と考えられることから、これを自らの事業に必要な費用と説明することは難しい可能性があることが指摘されています。また、仲介事業者が需要家に販売するなど、市場外で取引を行う場合、市場価格からあまりに乖離した価格での取引である場合は、その価格の妥当性について、税務上の懸念から説明が求められる可能性があることが指摘されていることには留意が必要です。

5.3　小売電気事業者による環境価値の活用

5.3.1　小売電気事業者による環境価値の訴求

　小売電気事業者としては、非化石証書などを用いて、CO_2排出係数をオフセットすることで活用し、自社が小売供給する電力について、環境価値という付加価値を付して販売することが考えられます。

　もっとも、小売電気事業者が需要家に電気を販売する場合において、環境価値の訴求方法が不適切であれば、その電気の有する環境価値について、需要家に誤解を与えかねません。

　そのため、電気事業法などにおいては、需要家を保護する観点から、小売電気事業者による環境価値の訴求方法などについては、以下に述べるような規制がなされています。

5.3.2　環境価値の訴求方法に関する規制の概要

　小売電気事業者は、需要家との間で小売供給契約を締結する場合のほか、自社のウェブサイトや販促資料で環境価値の調達をアピールする場合など、さまざまな場面で環境価値を訴求することが考えられます。

　しかし、電気事業法上、小売電気事業者が、環境価値を訴求する場合、さまざまな規制があります。すなわち、電気事業法上、小売供給契約を締

結しようとするときは、供給条件の説明義務及び法令に定める事項を記載
した書面の交付義務が課せられており、環境価値の提供を小売供給の特性
とする場合には、その内容と根拠を説明し、契約締結時の交付書面に記
載する必要があります（電気事業法第2条の13第1項及び第2項、同法第2
条の14第1項、同法施行規則第3条の12第1項第23号、同規則第3条の12
第8項、同規則第3条の13第2項第3号）。「小売供給の特性とする場合」
とは、ある特性が小売供給の供給条件とされている場合を意味します。電
源特定メニューとして、特定の電源種で発電された電気を供給することを
供給条件とするメニュー（「水力電源100％」など）のほか、「再エネを一
定割合以上含むメニュー」など、非化石証書の使用による環境価値を約し
たメニューも、環境価値を小売供給の特性とする場合に該当します。

　また、供給条件の説明を行う場合には、非化石証書によって、その価値
を証される場合を除き、販売する電気が、その発電に伴ってCO_2が排出
されない電気であるという価値を訴求してはならないとされています（電
気事業法施行規則第3条の12第2項）。

　さらに、電力の小売営業に関する指針（以下、「小売GL」）において、電
気事業に特有の規制として、電源構成や非化石証書の使用状況の開示方法
についてルール化されています。小売GLにおいては、電源構成及び非化
石証書の使用状況について、ウェブサイトやパンフレット、チラシを通じ
てわかりやすい形で掲載・記載し、需要家に対する情報開示を行うことが
望ましいものとされています。そして、次項以下に示すとおり、電源構成
及び非化石証書の使用状況の開示を、小売GLに準拠しない方法で行った
場合、問題のある行為とされる恐れがあります。

5.3.3　望ましい算定や開示の方法

　小売電気事業者が電源構成等や非化石証書の使用による環境価値を小売
供給の特性とする場合には、5.3.2のとおり、その内容に加え、根拠を説

明する必要があります。このため、過去の実績値のみをもって電源の割合を示すことは適当ではないものとされており、当年度計画値に基づき電源の割合を示すことが求められます。また、実績値について事後的な説明を行わないことが問題となる行為とされている点にも留意が必要です。計画と実績値の乖離については、需要家に対する説明を実施すれば、原則として問題になりませんが、計画と実績値との乖離があまりにも大きい場合には、当初の説明が説明義務違反を構成し得ることには留意が必要です。

　また、小売電気事業者が電源構成等を開示する場合の対象期間については、年度単位以外の情報（月単位など）を示すことも可能ですが、小売GLでは、誤解を招かないよう、年度単位の情報を併記することが望ましいものとされています。具体的には、計画の対象となる電源構成等の算定期間は、電気を供給する年度（当年4月1日〜翌年3月31日）を単位とすることを基本とし、この期間の電気の供給に対しては、当年1〜12月発電分の非化石証書を使用する必要があります。

　さらに、小売電気事業者が特定メニュー（電源特定メニューや非化石証書の使用による再エネメニュー、CO2ゼロエミッションメニューなど）により電気を供給する場合において、電源構成や非化石証書の使用状況を開示するときは、需要家の誤認を防ぐ見地から、当該小売電気事業者が調達するすべての電源構成から特定メニューによる販売電力量及び非化石証書使用量を控除して算出した電源構成等及び非化石証書の使用状況を記載することが望ましいものとされています。これによって、電源構成等や非化石証書の使用状況がダブルカウントされることがないように配慮がされています。

5.3.4　環境価値の訴求方法などについて問題となる行為

　小売供給契約締結時の供給条件の説明を行う場合に、非化石証書を使用せずに環境価値を訴求することは、5.3.2のとおり、電気事業法施行規則

で禁止されています。また、小売GLにおいても同様に問題となる行為とされており、これは、契約締結時のほか、ウェブサイトや販促資料などにおいて訴求をした場合も同様と考えられています。

　そのため、仮に非化石電源から発電された電力であっても、当該電力が非化石証書を使用しない限りは、小売供給の場面において環境価値を有しないということになります。このため、小売電気事業者が必要な非化石証書を使用せずに、「再エネ」や「CO2ゼロエミッション」といった表示や訴求を行うことは、需要家の誤認を招くものとして問題となる行為とされています。例えば、非化石証書を使用していない場合に、非化石電源・再エネ電源である旨のメニュー（例：水力電源●●％メニュー、FIT電気●●％メニュー）として販売し、環境価値を有する電気との印象を需要家に与えることや、「グリーン電力」、「クリーン電力」、「きれいな電気」、その他これらに準ずる用語を、個別メニューや事業者の電源構成の説明に用いることは、小売GL上、問題となる行為となります。

　次に、非化石証書の使用がない場合に、電源構成として非化石電源や再エネ電源の電源種を表示しながら、CO2ゼロエミッション価値や再エネ電源としての価値がない旨の注釈を行わないことは、小売GL上、問題となる行為とされています。上記のとおり、非化石証書を使用しない限り、小売電気事業者の供給する電力は、環境価値を有しないものとなるため、小売電気事業者が非化石電源の電源構成を開示することで、需要家が非化石証書を使用していない当該電力について、環境価値を有するものと誤認することを防ぐことを目的とするものです。

　もっとも、非化石証書を使用した場合でも、電源構成等に関して誤認を招く表示をすることは、小売GL上、問題となる行為とされていることには留意が必要です。すなわち、非化石証書を使用したとしても、小売電気事業者の電源構成には影響を及ぼすことはありません。そのため、再エネ電源以外の電源から電気を調達しているにもかかわらず、再エネ指定の非化石証書を使用したことを理由として、例えば、「再エネ電気100％」と

表示することは、再エネ電源による電気を調達しているものとの需要家の誤認を招くものとして問題となる行為となります。同様に、化石燃料を利用する電源による電気を調達しているにもかかわらず、非化石証書を使用したことを理由として「CO_2ゼロエミッション電源」と表示するなど、実際にCO_2を排出しない電源（非化石電源）による電気を調達しているものとの需要家の誤認を招くような表示を行うことも問題となる行為となります。

　他方で、非化石証書を使用している以上は、環境価値の訴求が可能であり、その場合には、環境価値の実質表示を行うことが認められています。例えば、再エネ指定の非化石証書を使用した小売電気事業者が「再エネ指定の非化石証書の使用により、実質的に、再エネ電気●●％の調達を実現している」などと訴求することや、非化石証書を使用した小売電気事業者が「非化石証書の使用により、実質的に、二酸化炭素排出量がゼロの電源●●％の調達を実現している」などと訴求することは、①当該訴求と近接した箇所に、電源構成の表示又は主な電源種の表示をわかりやすく行い、かつ②非化石証書の使用によるという意味であることを明確に説明している限りにおいては、再エネ電気を調達しているとの誤認を招くような表示には当たらず、問題とならないものとされています。

　なお、非化石証書以外の証書やクレジットを利用した場合については、小売GL上、小売電気事業者が環境価値を訴求することは認められていません。そのため、J−クレジットを用いた場合や、グリーン電力証書を使用した場合であっても、小売電気事業者は、小売供給する電力についてCO_2ゼロエミッション価値や再エネ電源としての価値の表示を行うことができないことには留意が必要です。

5.3.5　FIT電気を含む電源構成を表示する場合の留意点

　非化石証書を使用せずに環境価値を訴求することは、FIT電気であって

も同様に問題となります。ただし、FIT電気については、再エネ賦課金を通じて国民全体の負担で賄われていることから、非化石証書を使用した場合に、FIT電気に関して必要な説明をしないことも問題になるものとされています。すなわち、FIT電気を電源構成に含む場合は、①「FIT電気」である点について誤解を招かない形で説明すること、②当該小売電気事業者の電源構成全体又は特定のメニューに占める割合を説明すること、③FIT制度の説明をすることという3要件を満たす必要があり、これらの説明は、FIT電気の表示と近接した箇所にわかりやすく示す必要があるものとされています。

　上記①については、需要家の混乱を回避する観点から、「FIT電気」は一語として表示・説明することが求められ、これに反する「FIT（風力／太陽光）電気」といった表示・説明は問題となるとされています。また、上記③については、FIT電気の調達費用の一部は需要家の負担する賦課金により賄われていることに関する適切な注釈を付すことが必要であることに留意が必要です。

　FIT電気は、再エネ賦課金を通じた国民全体の負担及び非化石価値取引市場における非化石証書の売却収入により賄われており、発電された電気のCO_2を排出しないという特性・メリットは、当該電気の供給を受けた特定の需要家に帰属するものではなく、FIT非化石証書の購入者を除き、費用を負担した全需要家に薄く広く帰属することとされています。そのため、環境価値表示の規制についても、その他の非化石電源とは異なる配慮がされているのです。

出所：経済産業省、「電力の小売営業に関する指針」34～37頁、2023年4月

図表 5-4　再エネメニューの表示例など

①

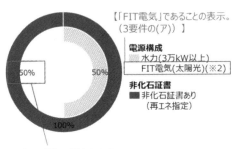

再エネ100%メニュー(※1)
本メニューの電源構成・非化石証書使用状況
令和○年4月1日～令和○年3月31日実績値
(内側円：電源構成　外側円：非化石証書)

【「FIT電気」であることの表示。
(3要件の(ア)) 】

電源構成
▨ 水力(3万kW以上)
　 FIT電気(太陽光)(※2)

非化石証書
▰ 非化石証書あり
　(再エネ指定)

【FIT電気の割合を示す。
(3要件の(イ)) 】

(※1)
FIT電気を含みます。(※2参照)

(※2) この電気を調達する費用の一部は、当社以外のお客様も含めて電気の利用者が負担する賦課金によって賄われています。

↑証書ありの場合のFIT電気の注釈。再エネ指定証書を使用する場合であっても、FIT制度の説明が必要。(3要件の(ウ))
この説明は、再エネの旨の訴求の記載と近接した箇所に分かりやすく示す必要があり、媒体に応じ、注釈元の表示とのバランスも踏まえた見やすい文字の大きさとし、同じ視野に入るなど注釈の対応関係が明瞭に認識できる箇所に記載するものとする。

②

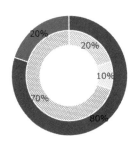

実質再エネ80%メニュー(※1)
本メニューの電源構成・非化石証書使用状況
令和○年4月1日～令和○年3月31日実績値
(内側円：電源構成　外側円：非化石証書)

電源構成
▨ 水力(3万kW以上)
　 FIT電気(風力)(※2)
▨ 卸電力取引所(※3)

非化石証書
▰ 非化石証書あり
　(再エネ指定)
▰ 非化石証書なし

(※1)
本メニューの電源は左記のとおりですが、これに再エネ指定の非化石証書を使用することにより、実質的に再生可能エネルギー電気80%の調達を実現しています。

↑再エネ電源(FIT電気含む。)以外の電気に非化石証書を使用して非化石証書の訴求をする場合、それと近接した箇所に電源構成表示又は主な電源種の説明を分かりやすく行う必要があり、媒体に応じ、注釈元の表示とのバランスも踏まえた見やすい文字の大きさとし、同じ視野に入るなど注釈の対応関係が明瞭に認識できる箇所に記載するものとする。

(※2) この電気を調達する費用の一部は、当社以外のお客様も含めて電気の利用者が負担する賦課金によって賄われています。

(※3) この電気には、水力、火力、原子力、FIT電気、再生可能エネルギーなどが含まれます。

③ **CO2ゼロエミ100%メニュー**
本メニューの電源構成・非化石証書使用状況
令和○年4月1日～令和○年3月31日実績値
(内側円：電源構成 外側円：非化石証書)

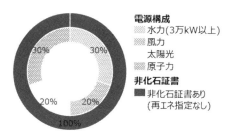

電源構成
- 水力(3万kW以上)
- 風力
- 太陽光
- 原子力

非化石証書
- 非化石証書あり
 (再エネ指定なし)

なお、「実質CO2ゼロエミ」のメニューの場合の注釈の例は以下のとおり。
(※)本メニューの電源は左記のとおりですが、これに非化石証書を使用することにより、実質的にCO2ゼロエミッション電源○%以上の調達を実現しています。

④ **非化石証書を使用しない場合**
当社の電源構成・非化石証書使用状況
令和○年4月1日～令和○年3月31日実績値
(内側円：電源構成 外側円：非化石証書)

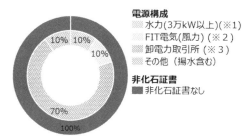

電源構成
- 水力(3万kW以上)(※1)
- FIT電気(風力)(※2)
- 卸電力取引所(※3)
- その他（揚水含む）

非化石証書
- 非化石証書なし

(※1)この電気には非化石証書を使用していないため、再生可能エネルギーとしての価値やCO2ゼロエミッション電源としての価値は有さず、火力電源などを含めた全国平均の電気のCO2排出量を持った電気として扱われます。

↑再エネ電源や非化石電源に対応する非化石証書を使用していない場合、再エネ電源や非化石電源としての価値がないことの説明が必要。電源の表示と近接した箇所に分かりやすく示す必要があり、媒体に応じ、注釈元の表示とのバランスも踏まえた見やすい文字の大きさとし、同じ視野に入るなど主戦の対応関係が明瞭に認識できる箇所に記載するものとする。

(※2)この電気を調達する費用の一部は、当社以外のお客様も含めて電気の利用者が負担する賦課金によって賄われています。
この電気には非化石証書を使用していないため、再生可能エネルギーとしての価値やCO2ゼロエミッション電源としての価値は有さず、火力電源などを含めた全国平均の電気のCO2排出量を持った電気として扱われます。

↑FIT 電気の注釈（証書使用なし）。

(※3)この電気には、水力、火力、原子力、ＦＩＴ電気、再生可能エネルギーなどが含まれます。

出所：経済産業省、「電力の小売営業に関する指針」34～37頁、2023年4月

図表 5-5　小売 GL における小売電気事業者の環境価値表示の整理

「再エネ」表示の整理

①再エネ指定証書＋非FIT再生可能エネルギー電源	②再エネ指定証書＋FIT電気	③再エネ指定証書＋①、②以外の電源の電気（JEPX調達・化石電源など）	④証書使用なし
再エネ	再エネ（＋FIT電気の説明）※1	実質再エネ（＋調達電源の説明）※2	訴求不可

※1　FIT 電気については、3 要件（〈ア〉「FIT 電気」であること、〈イ〉FIT 電気の割合、〈ウ〉FIT 制度の各説明）が必要。
※2　環境価値の表示・訴求と近接するわかりやすい箇所に、電源構成や主な電源の表示を行い、これに再エネ指定の非化石証書を使用している旨の説明を行うことを前提とする。

「CO_2 ゼロエミッション」表示の整理

①非化石証書＋非FIT非化石電源※1	②非化石証書＋FIT電気	③非化石証書＋①、②以外の電源の電気(JEPX調達・化石電源など)	④証書使用なし
CO_2ゼロエミッション	CO_2ゼロエミッション（＋FIT電気の説明）※2	CO_2ゼロエミッション（＋調達電源の説明）※3	訴求不可

※1　小売 GL 上の図の記載とは異なるが、小売 GL 本文の記載を基に筆者作成。
※2　FIT 電気については、3 要件（〈ア〉「FIT 電気」であること、〈イ〉FIT 電気の割合、〈ウ〉FIT 制度の各説明）が必要。
※3　環境価値の表示・訴求と近接するわかりやすい箇所に、電源構成や主な電源の表示を行い、これに非化石証書を使用している旨の説明を行うことを前提とする。

出所：経済産業省、「電力の小売営業に関する指針」32 頁の図、2023 年 4 月を参考に筆者作成

5.3.6　その他留意すべき事項

　小売 GL では、電源構成等の開示において、一般的に問題となる事項として以下のものが挙げられています。したがって、小売電気事業者が電源構成等を開示する場合には、これらに留意する必要があります。

- 電源構成によって、需要家が供給を受ける電気の質自体が変わると誤認されるような表示を行うこと
- 開示している電源構成等の情報が、特定の算定期間における実績又は計

　画であることを明示しないこと

- 電源構成等の情報について、割合などの算定の明確な根拠なく、又は、割合などの数値及びその算定の具体的根拠を示さずに、情報の開示を行うこと
- 電源の区分けについて、需要家の混乱や誤認を招く方法で開示すること
- 電源構成に関する情報が利用可能な電気の卸売（常時バックアップを含む）を受けている際に、その情報を踏まえて電源構成等を仕分けずに電源構成等の開示を行うこと
- 「日本卸電力取引所から調達した電気」に区分される電気について、どのような電気が含まれ得るのか明示しないこと。また、「日本卸電力取引所から調達した電気」のCO_2排出係数について、JEPXで約定された事業者の事業者別の基礎排出係数を約定した電力量に応じて加重平均することにより算定する方法以外の方法で算定すること
- 異なる時点間で発電・調達した電力量を移転する取り扱いを行ったうえで電源構成等の算定を行うこと
- 電源構成の開示に際して当該特定メニューの販売電力量や非化石証書使用量を控除しない場合に、当該特定メニューでの販売電力量が含まれることを明示しないこと

〈脚注〉

121 英文：https://www.there100.org/sites/re100/files/2022-12/Dec%2012%20-%20
RE100%20technical%20criteria%20%2B%20appendices.pdf、
日本語翻訳：https://www.there100.org/sites/re100/files/2023-02/RE100%20
technical%20criteria%20%2B%20appendices%20%28Japanese%29.pdf
122 https://www.there100.org/sites/re100/files/2022-10/RE100%20Joining%20
Criteria%20Oct%202022.pdf
123 https://japan.cdp.net/
124 例えば、https://cdn.cdp.net/cdp-production/comfy/cms/files/files/000/008/040/
original/2023_NDC_PR_Japan_0531.pdf
125 サプライチェーン排出量とは、Scope 1、Scope 2及び Scope 3の排出量の合計をいい
ます。
Scope 1：事業者自らによる温室効果ガスの直接排出
Scope 2：他社から供給された電気、熱・蒸気の使用に伴う間接排出
Scope 3：Scope 1、Scope 2以外の間接排出（事業者の活動に関連する他社の排出）
126 https://www.env.go.jp/earth/ondanka/supply_chain/gvc/files/SBT_gaiyou_20230630.
pdf
127 Getting Started Guide for Science-Based Target Setting（https://sciencebasedtargets.
org/resources/files/Getting-Started-Guide.pdf）
128 温室効果ガス排出量の削減を直線的に進めていった場合において、年率4.2％の温室効果
ガスの削減が必要となる水準とされています。
129 SBTi Corporate Net-Zero Standard（https://sciencebasedtargets.org/resources/files/
Net-Zero-Standard.pdf）
130 ある国における温室効果ガスの排出削減のための規制導入により、その国における国内産
品が当該規制の影響を受けない海外からの輸入産品により代替される（国内の生産拠点が
海外に移転する場合と、生産拠点が移転せずに海外産品との競争の結果、国内生産が減少
する場合の双方を含みます）ことで、地球全体の温室効果ガスの排出量が減らないという
現象のことを指します。
131 https://eur-lex.europa.eu/resource.html?uri=cellar:b828d165-1c22-11ea-8c1f-
01aa75ed71a1.0002.02/DOC_1&format=PDF
132 https://eur-lex.europa.eu/legal-content/EN/TXT/PDF/?uri=CELEX:52021DC0550&fro
m=EN）
133 https://eur-lex.europa.eu/legal-content/EN/TXT/PDF/?uri=CELEX:32023R0956
134 これらの品目は、カーボンリーケージを防ぐため、2023年6月現在において、EUにおけ
る排出量取引制度（EU-ETS）上、100％の無償排出枠の割当対象となっています。本規
則案第1条第3項では、EU-CBAMが、こうした政策の代替として導入されるものである
ことが明らかにされています。すなわち、対象品目へ割り当てられる無償排出枠を2026
年以降に段階的に廃止し、排出枠の有償比率を増加させていくとともに、それと合わせて
EU-CBAMの段階的な導入を実施することで、カーボンリーケージを防止しつつ、これら
の品目に対してもカーボンプライシングの適用を拡大していくことが同制度導入の目的と
されています。
135 CBAMのメカニズムについては、世界貿易機関（WTO）協定におけるルールと整合して
いるのかといった通商法上の問題もありますが、本書では紙幅の関係から説明を割愛して
います。

6

カーボンニュートラルに向けた新たな取り組み
——GXリーグ

6.1 GXリーグの概要

　気候変動問題への対応のため、世界的に脱炭素の機運が高まるなか、2021年に菅義偉内閣総理大臣（当時）が表明した、2030年度の温室効果ガス46％削減、2050年のカーボンニュートラル実現という国際公約を実現し、さらに世界全体のカーボンニュートラル実現にも貢献しながらも、そのための対応を成長のための機会として捉え、産業競争力を同時に高めていくためには、カーボンニュートラルにいち早く移行するための挑戦を行い、国際的な競争のなかで実力を有する「企業群」が、自ら以外のステークホルダーも含めた経済社会システム全体の変革（GX：グリーントランスフォーメーション）をけん引していくことが重要です。

　GXリーグとは、そのために、GXに積極的に取り組む企業群が官・学・金でGXに向けた挑戦を行うプレーヤーと共に、一体として経済社会システム全体の変革のための議論と新たな市場の創造のための実践を行う場として設立されたプラットフォームのことです。[136]

　GXリーグにおいては、①自主的な排出量取引制度（GX-ETS）[137]・（実践の場）、②市場創造のためのルール形成（共創の場）、③ビジネス機会の創

図表 6-1　GX リーグの目指す循環構造

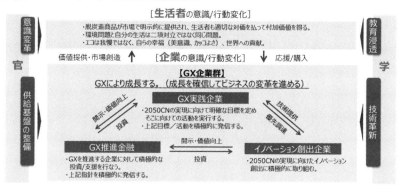

出所：経済産業省産業技術環境局環境経済室、「GX リーグ基本構想」、2022 年 2 月

発（対話の場）、④GXスタジオ（交流の場）の4つの取り組みが実施されます。

　GXリーグに参画するためには、日本法に基づく法人格を有すること又は外国会社（会社法〈平成17年法律第86号〉第2条第2号）である必要があり、また、2023年4月28日までに所定の参画申請書により、GXリーグに参画する旨をGXリーグ事務局に申し込む必要があります。年度途中での参加は不可能ですが、所定の期間までにGXリーグ事務局に対してGXリーグに参画する旨を申し込むことで、2024年度の初め又は2025年度の初めに途中参加することも可能です。

　本書では、特に証書やクレジットとの関連性が強いと考えられるGX-ETSにおける取り組みに焦点を当てたいと思います。

6.2　GX-ETSについて

6.2.1　制度の全体像

　GX-ETSは、一言でいえば、いわゆるキャップ＆トレード制度の排出量取引制度です。[138]GX-ETSにおいては、GXリーグに自ら参画することを表明した企業が自主的に温室効果ガス排出量の削減目標を設定し、その目標達成に向けて温室効果ガスの排出量削減を進め、目標達成に至らなかった場合には、不足分を補てんする責任を負い、補てんができなかった場合には、目標不達成の理由を説明する責任を負うことになります。他方で、温室効果ガスの排出削減量の実績が目標を上回った企業は、実績と目標の差分について超過削減枠として取引を実施することが可能です。このように自ら参加を表明し、目標を設定して、その達成を目指すといった自主的な取り組みは、「プレッジ＆レビュー方式」といわれます。これは、政府や自治体が温室効果ガスの排出量に対して、制度的にキャップを設ける規制措置としての排出量取引制度とは異なるGX-ETSの大きな特徴のひと

図表6-2　第1フェーズにおける GX-ETS 取り組みの流れ

No.	段階	概要
1	参画 (プレッジ)	GXリーグ参画時に、自身が掲げる温室効果ガスの排出削減目標などをGXリーグ事務局へ提出し、GXダッシュボード[139]上で公表。
2	実績報告	自らの活動によって生じる温室効果ガスの国内直接排出量及び間接排出量の算定・検証。 算定・検証が完了した温室効果ガスの排出量については、毎年度終了後及び第1フェーズ終了後にGXリーグ事務局へ報告。
3	取引実施	毎年度終了後又は第1フェーズ終了後の温室効果ガスの排出実績が一定の基準を充足した場合には、目標と排出実績の差分について超過削減枠の創出が可能。 第1フェーズ終了時に目標達成に至らなかった場合には、その未達分について超過削減排出枠若しくは適格カーボン・クレジットの調達又は未達となった理由の説明が必要。
4	レビュー	目標達成状況及び取引状況は、GXダッシュボードにて公表。

出所：筆者作成

つであるといえます。

　また、GX-ETSは、制度の運用状況や社会の変革に合わせて段階的に発展していくことが予定されており、2023年度から2025年度までの期間は試用期間（第1フェーズ）、2026年度から2032年度までの期間は本格稼働期間（第2フェーズ）、2033年度以降はさらなる発展期間（第3フェーズ）として位置づけられています。

　本書では、そのうち2023年度の第1フェーズにおけるGX-ETSのルールについて取り上げています。

　第1フェーズのGX-ETSにおける取り組みの流れは、おおむね図表6-2のとおりです。

6.2.2　Group G企業とGroup X企業

　GX-ETSにおける参画企業（以下、「参画企業」）は、組織境界[140]における

2021年度の直接排出量が10万t-CO2以上であるGroup G企業と、10万t-CO2未満であるGroup X企業に分けられます。Group X企業については、自らの取り組みによる超過削減枠の創出ができない一方で、より柔軟なルールが設けられています。

　GX-ETSの第1フェーズにおけるGroup G企業及びGroup X企業の取り扱いの相違点は、図表6-3のとおりです。

図表6-3　Group G企業とGroup X企業の異同

		Group G	Group X
2021年度の直接排出量		10万t-CO2以上	10万t-CO2未満
1.参画 （プレッジ）	基準年度 排出量の算定	原則:2013年度単年 例外:2014〜2021年度を基準年度とする場合、基準年度を含む連続した3カ年度平均	原則:2013年度単年 例外:2014〜2021年度を基準年度とする場合、基準年度単年又は基準年度を含む連続した3カ年度平均
2.実績報告	排出量算定期間	年度(4/1〜3/31)	年度(4/1〜3/31)又は任意の12カ月の期間
	排出量の算定結果に対する第三者検証	必須	任意
	排出量報告期限	毎年度終了後の10月末まで	毎年度終了後の10月末まで ※任意の算定期間を設定した場合は、終了後7カ月が経過する日まで
3.取引実施	超過削減枠の創出	可能	不可能
	超過削減枠の売買	可能	可能 ※口座開設時に申請が必要

出所：GXリーグ事務局、「GX-ETSにおける第1フェーズのルール」、2023年2月を参考に筆者作成

6.2.3　参画（プレッジ）

　企業がGXリーグに参画する場合、参画時に基準年度を設定したうえで、基準排出量を算定し、また、温室効果ガスの排出量削減に向けて各種自主目標を設定して報告する必要があります。

　以下では、基準年度の設定、基準年度排出量の算定、自主目標の設定について概説します。

6.2.3.1　基準年度の設定

　基準年度とは、参画企業が基準排出量（温室効果ガスの排出量削減目標を定めるうえで基準となる排出量）を算定するにあたって、その基準とする年度のことをいいます。基準年度は、原則として2013年度単年度が推奨されています。この背景には、日本がパリ協定第4条第2項に基づく国が決定する貢献（NDC：Nationally Determined Contribution）として、2030年度までに、2013年度比で温室効果ガス排出量を46％削減することを国際公約として掲げていることから、GXリーグにおける各企業の温室効果ガス排出削減に向けた取り組みも、それと整合的な形になることが望ましいという考え方があります。もっとも、2013年度を基準年度とすることは必須の要件ではなく、参画企業は、2014年度から2021年度までの間で任意に基準年度を選択することも可能です。

6.2.3.2　基準年度排出量の算定

　基準年度排出量とは、参画企業が自主目標を設定するうえで、基準となる温室効果ガス排出量のことで、基準年度における温室効果ガス排出量を指します。また、基準年度排出量は、超過削減枠の創出の基準となるNDC相当排出量（6.2.6.1）を算定するうえでの基準にもなります。

　基準年度排出量は、2013年度を基準年度として選択した場合、2013年度単年度の温室効果ガスの排出量となります。他方で、2014年度から2021

年度までの間で基準年度を選択した場合、Group X企業は、当該選択した
年度単年度での温室効果ガスの排出量を基準年度排出量とすることができ
ますが、Group G企業は、当該選択した基準年度を含む連続する3カ年度
の温室効果ガスの平均排出量を基準年度排出量として算定することになり
ます。

　基準年度排出量の算定フローは、おおむね以下のとおりです。

① データの収集

　基準年度排出量の算定にあたっては、まずは基準年度における温室効
果ガスの排出量のデータを収集する必要があります。利用可能なデー
タには条件があり、例えば、温対法上のSHK制度のデータ（省エネ法
に基づく定期報告を通じて報告されたデータを含みます）や、統合報告
書などに向けGHGプロトコルに基づいて算定されたもので一定水準
以上の第三者検証を受けているデータなどが挙げられます。[141]

② 基準年度排出量等報告書の作成

　データの収集が完了したら、基準年度排出量算定ガイドラインのルール
に従い、直接排出量と間接排出量に分けるなどの作業を行い、所定の報
告様式へ転記し、GXリーグ事務局に対して報告することになります。

③ 構造的変化による加算・控除、正確性が担保されていないデータの加算申請

　基準年度以降に合併や会社分割、事業譲渡、排出源の譲渡などにより、
企業に一定の構造的変化があった場合は、当該構造的変化による排出
量の増減について、基準年度排出量の調整を行うことになります。また、
①のデータ収集のプロセスにおいて利用することが認められていない
データであっても、計算の根拠となるエビデンスをGXリーグ事務局
に提出し、承認を受けたうえで、基準年度排出量に加算することがで
きます。

6.2.3.3 自主目標の設定

GX-ETSの第1フェーズにおいては、以下の自主目標を設定することが求められます。

① 第1フェーズ（2023～2025年度まで）を通しての国内直接排出量及び国内間接排出量に関する排出量の総計
② 2025年度の国内直接排出量及び国内間接排出量に関する排出量・削減率・削減量
③ 2030年度の国内直接排出量及び国内間接排出量に関する排出量・削減率・削減量[142]

6.2.4　排出量の算定・モニタリング・報告に関するルール

参画企業は、毎年度、国内直接排出量及び国内間接排出量を算定し、モニタリングを行い、算定結果の報告をする義務を負います。温室効果ガス排出量の算定・モニタリング・報告については、図表6-4のような流れを経ることになります。

以下では、かかるフローの各段階について概説します。

図表6-4　GX-ETS における算定・モニタリング・報告のフロー

Step1	・組織・敷地境界の識別
Step2	・排出源の特定、バウンダリーの確定
Step3	・少量排出源の特定
Step4	・モニタリング方法の策定
Step5	・モニタリング体制・算定体制の構築
Step6	・モニタリングの実施と排出量の算定・報告

出所：筆者作成

6.2.4.1 組織・敷地境界の識別（Step1）

　まず、温室効果ガスの排出量算定にあたって、どの範囲における温室効果ガスの排出を対象にするのか、その外縁を画すために組織・敷地境界を確定させます。

　組織境界については、GHGプロトコルの出資基準又は支配力基準[143]、若しくは財務会計上の連結基準などを参考に、任意で設定することになります。

　敷地境界（各企業の保有する工場や事業場などの境界）については、公共機関へ提出した届出や報告（工場立地法の届出書類）の敷地図などにより識別します。

6.2.4.2 排出源の特定、バウンダリーの確定（Step2）

　Step1で確定した敷地境界内における算定対象活動及び敷地境界には紐づかない算定対象活動を把握します。対象となる活動は、温対法施行令に基づく算定対象活動（2.3.5）を原則とし、当該算定対象活動の改正が行われた場合には、GX-ETSにおいても、それに応じて算定対象活動の変更が行われます。

6.2.4.3 少量排出源の特定（Step3）

　Step2で特定した排出源のうち、一定の少量排出源について、算定対象外とすることが可能です。具体的には、各敷地境界において、当該敷地境界の温室効果ガス排出量の0.1％未満となる排出源、又は、敷地境界における排出量が1,000t-CO_2以上である場合には排出量10t-CO_2未満、敷地境界における排出量が1,000t-CO_2未満である場合には排出量1t-CO_2未満の排出源について、少量排出源に該当します。

6.2.4.4 モニタリング方法の策定（Step4）

　活動量のモニタリングパターンを検討し、モニタリングパターンに基づ

くモニタリングポイントを設定します。そして、モニタリングポイントごとの予測活動量に基づき策定したモニタリング方法が要求レベルを充足しているかを確認します。

6.2.4.5　モニタリング体制・算定体制の構築（Step5）

　温室効果ガス排出量算定の算定責任者及び算定担当者並びにモニタリングポイントの管理責任者及び担当者などを任命します。また、モニタリングや算定の主体、方法及びデータの信頼性維持・管理の主体、方法などの方法論・役割・責任などのルールを整理し、体制を構築します。

6.2.4.6　モニタリングの実施と排出量の算定・報告（Step6）

① 国内直接排出量の算定

　国内直接排出量の算定は、温対法上のSHK制度を基準に定められますが、他人に対して供給した分の発電・発熱に伴う排出についても、直接排出量に含め算定することになります。具体的には、以下のような計算式となります。

直接排出量(t-CO2) ＝
①エネルギー起源CO2の排出量(他人から供給されたエネルギー起源CO2を除く、〈t-CO2〉)
＋②非エネルギー起源CO2の排出量(廃棄物原燃料使用に伴うものを除く、〈t-CO2〉)
＋③CH4、N2O、HFC、PFC、SF6及びNF3の排出量(t-CO2)

---

② 国内間接排出量の算定

　国内間接排出量の算定は、契約メニューごとの調整後排出係数を使用して行います。具体的には、以下のような計算式となります。

間接排出量＝他人から供給されたエネルギー起源CO2 の排出量(t-CO2)
　・電気の使用に伴うもの(他人から供給された電気×調整後排出係数[145])
　・熱の使用に伴うもの

③ 報告

　参画企業は、算定した自らの温室効果ガス排出量を所定の様式に従って、組織境界全体(階層1)、法人単位(階層2)、敷地単位(階層3)及び排出源単位(階層4)の階層ごとに報告を行います。

　また、適格カーボン・クレジット、非化石証書、認証済みグリーン電力証書のうち無効化・償却・移転した量、廃棄物原燃料使用に伴う温室効果ガスの排出量などについては、別途報告事項として報告することになります。

6.2.5　排出量の検証に関するルール

　温室効果ガスの算定後は、算定データの正確性を担保するために、第三者検証機関によるデータの検証を行うことが求められます。検証の方法としては、図表6-5の合理的保証水準と限定的保証水準とがあり、Group G企業かGroup X企業か、また、Group G企業の場合は、超過削減枠の創出を申し込むか否かによって求められる検証水準が異なります。

図表 6-5　検証の水準

合理的保証	「算定データは算定基準に準拠されすべての重要な点において適正に表示しているものと認める」とするもの
限定的保証	「実施した手続及び入手した証拠に基づき、算定データが算定基準に準拠されていないと信じさせる事項はすべての重要な点において認められなかった」とするもの

出所：筆者作成

図表 6-6　求められる検証の水準

Group G企業	超過削減枠創出あり	合理的保証水準
	超過削減枠創出なし	限定的保証水準
Group X企業		不要(任意)

出所：筆者作成

6.2.6　超過削減枠の創出

　超過削減枠は、GX-ETSにおける第1フェーズの終了時点（通常創出）及び毎年度の終了時点（特別創出）において、一定の要件を充足した場合にGXリーグ事務局に創出申し込みを行い、要件の充足が認められた場合に創出されることになります。

6.2.6.1　超過削減枠の通常創出

　Group G企業は、以下の要件を充足した場合には、第1フェーズの終了時点において超過削減枠を創出することができます。

① 通常創出における超過削減枠の創出要件

(i)　第1フェーズの直接排出量の総計が第1フェーズのNDC相当排出量の総計より少量であること（直接排出要件）[146]

(ii)　第1フェーズの直接排出量と間接排出量の総計の和がGX-ETS開始前の直近の直接排出量及び間接排出量（GXリーグ事務局が定める3カ年度平均）の総計を3倍した量より少量であること（総量排出要件）

(iii)　すべての年度における排出量の実績について、合理的保証水準以上の検証を受けていること

　ここで、NDC相当排出量とは、「直接排出にかかる基準年度排出量に各基準年度と目標となる年度に対応するNDC水準を乗じた量」をいい、

NDC水準とは、GXリーグ規程の「別表1で定める基準年度から2050年カーボンニュートラルまで直線で削減を行う場合の2023年度から2025年度削減率を機械的に計算した削減率」をいいます。

　例えば、2013年度を基準年度とし、基準年度排出量を10,000千t-CO₂とした場合、第1フェーズのNDC相当排出量は以下のとおり求められることになります。

第1フェーズのNDC相当排出量　＝ ① 10,000千t-CO₂ ×（1-27%）
　　　　　　　　　　　　　　　 ＋ ② 10,000千t-CO₂ ×（1-29.7%）
　　　　　　　　　　　　　　　 ＋ ③ 10,000千t-CO₂ ×（1-32.4%）
　　　　　　　　　　　　　　　 ＝ 21,090千t-CO₂

	2023年度	2024年度	2025年度
NDC水準（基準年度2013年度）	27%	29.7%	32.4%

② 通常創出における超過削減枠の創出量

　超過削減枠の創出量は、以下の算定式に基づき決定されます。

超過削減枠の創出量＝
第1フェーズのNDC相当排出量の総計[147]
　－第1フェーズの直接排出量の総計
（－特別創出により創出済みの超過削減枠の量）

　かかる計算の結果、超過削減枠の創出量が0未満となる場合は、当該Group G企業は、0に満つるまで超過削減枠を返納する必要があります。

6.2.6.2　超過削減枠の特別創出

　Group G企業は、第1フェーズの途中でも、各年度（2023年度及び2024年度）末の時点で超過削減枠を創出（特別創出）することができます。

① 特別創出における超過削減枠の創出要件

〈2023年度の特別創出にかかる要件〉
(i) 2023年度の直接排出量の総計が2023年度のNDC相当排出量の総計より少量であること（直接排出要件）[148]
(ii) 2023年度の直接排出量と間接排出量の総計の和がGX-ETS開始前の直近の直接排出量及び間接排出量（GXリーグ事務局が定める3カ年度平均）の総計より少量であること（総量排出要件）
(iii) 2023年度の排出量の実績について、合理的保証水準以上の検証を受けていること

〈2024年度の特別創出にかかる要件〉
(i) 2023年度及び2024年度の直接排出量の総計が2023年度及び2024年度のNDC相当排出量の総計より少量であること[149]
(ii) 2023年度及び2024年度の直接排出量と間接排出量の総計の和がGX-ETS開始前の直近の直接排出量及び間接排出量（GXリーグ事務局が定める3カ年度平均）の総計を2倍した量より少量であること
(iii) 2023年度及び2024年度の排出量の実績について、合理的保証水準以上の検証を受けていること

② 特別創出における超過削減枠の創出量
超過削減枠の創出量は、以下の算定式に基づき決定されます。

〈2023年度の特別創出の場合〉

> 超過削減枠の創出量 = 2023年度のNDC相当排出量[150] − 2023年度の直接排出量

〈2024年度の特別創出の場合〉

超過削減枠の創出量＝2023年度及び2024年度のNDC相当排出量の総計[151]
－2023年度及び2024年度の直接排出量の総計（－特別創出により創出済
みの超過削減枠の量）

　かかる計算の結果、超過削減枠の創出量が0未満となる場合は、特別創
出を実施することはできません。かかる場合の超過削減枠の精算は、第1
フェーズの終了後に実施されることとなるため、創出量が0を下回る場合
であっても、第1フェーズの途中において0に満つるまで超過削減枠を返
納する必要はありません。

6.2.7　年度・フェーズ終了時の流れ

　参画企業は、毎年度終了後と第1フェーズ終了後、検証済みの排出量を
GXリーグ事務局に提出します。また、超過削減枠の創出を希望する参画
企業は、超過削減枠創出の申請を行うことになります。
　参画企業は、①直接排出量については、第1フェーズの直接排出量の総
計が第1フェーズの直接排出量の自主目標の総計又は第1フェーズのNDC
相当排出量の総計のどちらか多いほうを上回らないように、②間接排出量[152]
については、第1フェーズの間接排出量の総計が第1フェーズの間接排出
量の自主目標の総計を上回らないようにする努力義務を負うことになりま
すが、第1フェーズの終了時点で、かかる努力義務が達成できなかった場
合は、超過削減枠又は適格カーボン・クレジットを無効化し、未達分を補
てんするか、達成できなかった理由をGXダッシュボードにて公表する必
要があります。
　適格カーボン・クレジットとは、「カーボン・クレジットのうちGXリ
ーグ事務局が選定するカーボン・クレジット」とされ、制度開始時点では、

国内クレジット、オフセット・クレジット（J-VER）、J-クレジット及び JCMクレジットが該当します。2023年度以降、適格カーボン・クレジットに関するワーキンググループがGXリーグ内に設置される予定であり、2022年6月に公表された「カーボン・クレジット・レポート」[153]において整理された考え方に基づき、今後追加すべき適格カーボン・クレジットの要件が検討される予定です。

6.2.8　GXリーグにおける証書やクレジットの利用について

　参画企業の中には、電気の調達について低炭素メニューの選択や非化石証書の購入も含め、目標設定をしている企業も存在することから、企業自身の省エネ努力に加えて、こうした取り組みも評価できるよう目標設定・実績確認・総量排出要件充足の判断にあたっては、契約メニューごとの調整後排出係数を使用したうえで、自ら調達した非化石証書やグリーン電力証書も考慮することが可能とされています。

　したがって、参画企業としては、小売電気事業者や一般送配電事業者が非化石証書を利用して算出、公表する調整後排出係数を活用するといった間接的な方法のほかにも、自ら直接調達した非化石証書や認証済みグリーン電力証書を、自身の間接排出量の削減に用いることで、超過削減枠の創出要件のひとつである総量排出要件の充足や間接排出量の目標達成を図ることができます。

　また、J-クレジットについては、適格カーボン・クレジットとして扱われるため、第1フェーズにおける自主目標の達成、又は自主目標未達分の補てんに利用することができます。

　自主目標達成の有無は、第1フェーズの終了時である2025年度末において判断されることになるため、同年度末に向けて、非化石証書、J-クレジット、グリーン電力証書などの取引が活性化する可能性も見込まれることには注目しておく必要がありそうです。

GX推進法について

　2022年7月、産業革命以来の化石燃料中心の経済・社会、産業構造をクリーンエネルギー中心に移行させ、経済社会システム全体の変革、すなわち、GXを実現するべく、岸田文雄内閣総理大臣を議長としてGX実行会議が発足しました。同年12月には、それまでに実施された計5回のGX実行会議を経て、GX基本方針が策定され、閣議決定を経て公表されました。このGX基本方針の内容を具体化する法令として、2023年5月12日、第211回通常国会において、脱炭素成長型経済構造への円滑な移行の推進に関する法律（以下、「GX推進法」）が、参議院での修正を経て衆議院本会議で可決され、成立しました。

　GX推進法は、日本の脱炭素成長型経済構造への円滑な移行を推進し、2050年カーボンニュートラル達成と産業競争力強化・経済成長を同時に実現していくための施策として、(i)GX推進戦略の策定・実行、(ii)GX経済移行債の発行、(iii)成長志向型カーボンプライシングの導入（炭素に対する賦課金〈以下、「化石燃料賦課金」〉の導入、発電事業者に対する排出量取引制度における排出枠〈以下、「特定事業者排出枠」〉の有償割当制度の導入）、(iv)GX推進機構の設立を実施し、これらの施策の在り方について、進捗評価と必要な見直しを実施していくことをその内容としています。

　特に注目すべき内容としては、①10年間で約20兆円規模のGX経済移行債の発行が予定されていること、その償還原資となる財源を確保するために、②2028年度から化石燃料の輸入事業者などを対象に化石燃料賦課金を導入すること、③GX-ETSと紐づける形で電気事業者に対する特定事業者排出枠の割当制度が導入されることが予定されている点です。

① GX経済移行債

GX基本方針では、今後10年間で150兆円を超えるGX投資を官民協調で実現することが目標として掲げられており、そのなかで、民間投資を促進すべく20兆円規模の国としての先行投資を行うことが明記されています。こうした議論を踏まえ、GX推進法第7条では、2023年度から2032年度までの各年度に限り、エネルギー特別会計の負担において、公債としてGX経済移行債を発行することができるとされています。

② 化石燃料賦課金

2028年度以降、原油等を採取し、又は保税地域から引き取る者に対して、GX推進法第11条に基づき、採取した又は引き取った原油等にかかるCO_2排出量に応じて、化石燃料賦課金が課されます。化石燃料賦課金の単価は、中長期的なエネルギーにかかる負担の抑制の必要性及び化石燃料賦課金がGX経済移行債の償還原資となることを踏まえて、政令で定められることになります（同法第12条）。

③ 特定事業者排出枠

2033年度以降、電気事業法第2条第1項第15号に規定する発電事業者のうち、その発電事業にかかるCO_2の排出量が多い者に対して、発電事業にかかるCO_2の排出量に相当する特定事業者排出枠が有償又は無償で割り当てられます（GX推進法第15条第1項）。有償で割り当てられる特定事業者排出枠の量は、当該年度に見込まれる再生可能エネルギー特措法に基づく納付額の総額、特定事業者排出枠の取得にかかる負担金（以下、「特定事業者負担金」）の単価の水準、脱炭素成長経済構造への移行の状況、エネルギーの需給に関する施

策との整合性等を勘案して定められます（同条第2項）。また、特定
事業者負担金については、中長期的なエネルギーにかかる負担の抑
制の必要性及び特定事業者負担金がGX経済移行債の償還原資とな
ることを踏まえて、政令で定められることになります（同条第3項）。

　GX経済移行債の交付対象となる事業を実施する事業者にとっては、
政府による先行投資を呼び水として民間からの投資を誘引することが
でき、新たなビジネスチャンスを見いだすことができる可能性が広が
ります。炭素に対する賦課金、排出枠有償割当の対象となる輸入事業
者等や電気事業者は、将来の制度導入を見越して脱炭素を推進してい
く必要があり、環境価値の利用は、そのための一助となる可能性も秘
めています。

136 https://gx-league.go.jp/
137 2023 年 2 月、「GX 実現に向けた基本方針〜今後 10 年を見据えたロードマップ〜（以下、「GX 基本方針」）」が公表されましたが、GX-ETS は、かかる基本方針のもとで、成長志向型カーボンプライシング構想のひとつの柱として重要な役割を期待されています。
138 キャップ＆トレード制度の排出量取引制度は、EU における EU-ETS が先駆的かつ最大の取引量を誇る例であり、ほかにも米国カリフォルニア州やニュージーランド、韓国、中国においても同様の制度が導入されています。また、国内でも東京都や埼玉県が条例に基づき独自の排出量取引制度を導入しています。
139 参画企業が、自身の温室効果ガス排出量の削減への取り組みや設定した削減目標、削減目標の達成状況、超過削減排出枠や適格カーボン・クレジットの取引状況などを公表するための情報開示プラットフォームのことをいいます。
140 組織境界とは、参画企業の企業グループにおける温室効果ガス排出量の算定・報告にあたって、その対象となる法人の範囲を画する概念です。組織境界の設定方法の詳細については、6.2.3.1 を参照してください。
141 ただし、Group X 企業の場合には、第三者検証は不要です。
142 2030 年度の目標については、第 1 フェーズ期間中に事情変更が生じ得ることを念頭に、第 2 フェーズ開始前に見直しが可能とされています。
143 子会社等の関連会社の温室効果ガス排出量は、その関連会社に対する出資比率に従って計算します。出資比率と所有割合とが一致しない場合は、経済的実質を分析して基準を適用します。
144 関連会社から経済的利益を得る目的で、その関連会社の財務方針及び経営方針を決定する力を有する場合（財務支配力基準）、又は、企業若しくはその子会社等を通じて自らの経営方針を関連会社に導入して実施する完全な権限を持つ場合（経営支配力基準）、当該企業は、その関連会社に対して、支配力を有するとされ、当該関連会社からの温室効果ガス排出量の 100%の算入が求められます。
145 ここでいう「調整後排出係数」は、温対法における SHK 制度において定められる契約メニュー別の調整後排出係数とされています。
146 GX-ETS の開始前からすでに直接排出要件の水準を達成している場合には、かかる要件に代えて「第 1 フェーズの直接排出量の総計が第 1 フェーズの直接排出量の目標排出量より少量であること」が要件となります。
147 GX-ETS の開始前からすでに直接排出要件の水準を達成している場合には、「第 1 フェーズの直接排出にかかる目標排出量の総計」となります。
148 GX-ETS の開始前からすでに直接排出要件の水準を達成している場合には、かかる要件に代えて「2023 年度の直接排出量の総計が第 1 フェーズにおける直接排出量の目標排出量の総計における 2023 年度の目標排出量より少量であること」が要件となります。
149 GX-ETS の開始前からすでに直接排出要件の水準を達成している場合には、かかる要件に代えて「2023 年度及び 2024 年度の直接排出量の総計が第 1 フェーズにおける直接排出量の目標排出量の総計における 2023 年度及び 2024 年度の目標排出量より少量であること」が要件となります。
150 GX-ETS の開始前からすでに直接排出要件の水準を達成している場合には、「2023 年度の直接排出にかかる目標排出量」になります。
151 GX-ETS の開始前からすでに直接排出要件の水準を達成している場合には、「2023 年度及び 2024 年度の直接排出にかかる目標排出量の総計」になります。
152 したがって、直接排出量については、自主目標と NDC 相当排出量のどちらか一方を充足していれば、かかる努力義務を達成したこととなり、超過削減枠若しくは適格カーボン・クレジットの調達又は不達成時の理由の公表を行う必要はありません。
153 https://www.meti.go.jp/press/2022/06/20220628003/20220628003-f.pdf

おわりに

　本書は、執筆時における環境価値取引の法令・制度などの全体像を整理することを試みた書籍となります。2050年のカーボンニュートラルの実現に向けて、環境価値取引の重要性はますます高まるものと考えられますが、環境価値取引に関する法令や制度などの変化は目まぐるしく、その動向をフォローし続けることが重要です。そのため、筆者としても、環境価値取引に関する法令・制度などの動向について、さまざまな形で読者の皆様に向けて発信を継続させていただく所存です。

　これまで、環境価値取引に関する法令・制度を概括するような書籍や文献は存在しませんでした。そのため、森・濱田松本法律事務所において、環境価値勉強会を立ち上げた当初は、まったくの手探りの状況からスタートしましたが、本書の刊行に至ることができたのは、同勉強会のメンバーの尽力の賜物にほかなりません。

　最後となりましたが、本書の企画から刊行に至るまで長期間にわたりサポートいただいたエネルギーフォーラムの山田衆三氏には、心より感謝申し上げます。

2023年10月吉日

筆者を代表して

森・濱田松本法律事務所

パートナー弁護士　木山　二郎

〈著者紹介〉

木山二郎 きやま・じろう
森・濱田松本法律事務所　パートナー弁護士

2006年に京都大学、2008年に同大法科大学院を卒業し、2009年に弁護士登録。2010年に森・濱田松本法律事務所に入所。2014年10月から2016年6月まで電力広域的運営推進機関（準備組合時代を含む）に出向。出向後は、エネルギー（電力・ガス）分野、特に環境価値取引をひとつの専門分野として、弁護士業務に従事し、発電事業者、小売電気事業者、需要家などを問わず、さまざまな事業者に対してアドバイスを行っている。また、危機管理・コンプライアンス分野の専門性も高く、エネルギー関連企業を問わず、多数の実績を有する。
【全章担当】

長窪芳史 ながくぼ・よしふみ
森・濱田松本法律事務所　シニア・アソシエイト弁護士

2010年弁護士登録。2015年から2018年6月まで消費者庁（消費者制度課）に勤務し、主に個人情報保護法、消費者団体訴訟制度などの解釈・運用を担当。2018年7月から2021年9月まで経済産業省電力・ガス取引監視等委員会事務局（取引監視課）に勤務し、主に電力取引の監視業務を担当した。2021年10月、森・濱田松本法律事務所に入所。2023年6月から経済産業省資源エネルギー庁（電力・ガス事業部政策課）に制度企画調整官として出向中。
【第1章担当】

山路 諒 やまじ・りょう
森・濱田松本法律事務所　シニア・アソシエイト弁護士

2010年に早稲田大学、2013年に同大法科大学院を卒業し、2014年に弁護士登録。2015年に森・濱田松本法律事務所に入所。2018年7月から2019年6月までみずほ証券グローバル投資銀行部門プロダクツ本部に出向。2023年7月から米国カリフォルニア大学ロサンゼルス校ロースクールに留学中。再生可能エネルギー分野における電源開発・投資、プロジェクトファイナンス、M＆A、ファンド案件などに幅広く従事し、同分野の豊富な知見と経験を有する。近年では、コーポレートPPAやFIP制度などを活用した電力・環境価値取引にも力を入れており、先駆的な案件に多数従事している。

【第3章（3.1）、第4章担当】

木村 純 きむら・じゅん
森・濱田松本法律事務所　シニア・アソシエイト弁護士

2011年に早稲田大学、2014年に東京大学法科大学院を卒業し、2015年に弁護士登録。2016年に森・濱田松本法律事務所に入所。エネルギー（電力・ガス）の分野で、大手電力会社への出向経験を活かし、大手電力会社から新電力会社、ガス会社までに対して、小売事業を中心に、契約書類・約款その他の関係書類作成、事業法対応、紛争対応まで、幅広くアドバイスを提供している。また、環境価値取引に関する契約及び規制対応についてもアドバイスを行っており、コーポレートPPAを用いた先駆的な電力及び環境価値取引に係る案件についても多数従事している。

【第5章（5.3）担当】

鮫島裕貴　さめしま・ゆうき
森・濱田松本法律事務所　シニア・アソシエイト弁護士

2013年に東京大学を卒業し、2015年に弁護士登録。2016年に森・濱田松本法律事務所に入所。2019年7月から2020年6月までみずほ証券グローバル投資銀行部門プロダクツ本部に出向。2022年に米国カリフォルニア大学バークレー校ロースクールを修了。ニューヨーク州弁護士資格を取得。2022年9月から2023年8月まで森・濱田松本法律事務所シンガポールオフィスにて執務。プロジェクトファイナンスをはじめとした複雑なファイナンス取引や発電所の開発案件・セカンダリー案件のほか、近年では、カーボン・クレジット、非化石証書、排出量取引といったクレジット・証書が絡む案件にも多数従事している。
【第2章、第3章(3.2)、第5章(5.2)、第6章担当】

塩見典大　しおみ・のりひろ
森・濱田松本法律事務所　シニア・アソシエイト弁護士

2012年に京都大学、2016年に神戸大学法科大学院を卒業し、2017年に弁護士登録。2018年に森・濱田松本法律事務所に入所。2019年2月から2020年8月まで経済産業省電力・ガス取引監視等委員会事務局(総務課・ネットワーク事業監視課)に出向。出向後は、エネルギー（電力・ガス）分野をひとつの専門分野として、制度・政策に関する助言、エネルギー分野に関連する紛争対応などを行っている。
【第3章、第4章担当】

山崎友莉子 やまさき・ゆりこ
森・濱田松本法律事務所　シニア・アソシエイト弁護士

2012年に慶應義塾大学、2015年に同大法科大学院を卒業し、2017年に弁護士登録。2018年に森・濱田松本法律事務所に入所。電力・ガス事業分野を専門的分野として弁護士業務に従事するほか、国際仲裁や国内の訴訟・紛争解決業務や法律相談対応、契約書・約款の作成業務など、幅広く企業法務を取り扱う。2022年4月から経済産業省資源エネルギー庁（省エネルギー・新エネルギー部新エネルギー課）に出向中。
【第2章担当】

前山和輝 まえやま・かずき
森・濱田松本法律事務所　アソシエイト弁護士

2016年に早稲田大学を卒業し、2018年に弁護士登録。2019年に森・濱田松本法律事務所に入所。2020年9月から2022年9月まで経済産業省電力・ガス取引監視等委員会事務局（総務課・ネットワーク事業監視課）に出向。出向後は、電力・ガス事業分野を専門的分野として弁護士業務に従事するほか、労働訴訟などの訴訟・紛争解決業務、多数の事業者からの法律相談対応、契約書・社内規程などの作成・確認など、幅広く企業法務を取り扱う。
【第5章(5.2)担当】

日髙稔基 ひたか・としき
森・濱田松本法律事務所　アソシエイト弁護士

2018年に早稲田大学を卒業し、2019年に弁護士登録。2020年に森・濱田松本法律事務所に入所。入所当初より、電力・ガス事業分野において小売事業を中心に、契約書類・約款その他の関係書類作成、事業法対応、紛争対応、企業組織再編などの業務に従事するほか、他分野においても事業再生業務、訴訟・紛争解決業務など、幅広く企業法務を取り扱う。2022年10月から経済産業省電力・ガス取引監視等委員会事務局（総務課・ネットワーク事業監視課・総合監査室）に出向中。
【第3章担当】

環境価値取引の法務と実務

2023 年 11 月 20 日　第一刷発行

編著者	弁護士 木山二郎
発行者	志賀正利
発行所	株式会社エネルギーフォーラム
	〒 104-0061 東京都中央区銀座 5-13-3　電話 03-5565-3500
印刷・製本所	中央精版印刷株式会社
ブックデザイン	エネルギーフォーラム デザイン室